田母神俊雄の日本復権

田母神 俊雄

はじめに

国政（政治）は国家の運命を左右するだけに重要です。

ましてそのリーダーとなれば、その役割はとてつもなく大きく責任も重大です。

また理論、理屈や理想論だけで事が進まないだけに厄介です。必ず利害が絡む相手がいるからです。マスコミや野党、あるいは国民、自国の利益を最優先する諸外国、さらには政権内部との戦いさえもあります。

その中にあって、将来に目を向けて国家国民のためにいま打つべき手は何かを考え行動しなければなりません。

分かり易く言えば、社員の生活を含めて経営の全責任を一身に受ける企業経営者に似ています。経営者との違いは、背負う対象が一つの企業ではなく、一つの国家、国民全体にあることです。

もし国を潰すことになれば、それまで築きあげてきた歴史や文化、伝統までも失ってしまうことになります。日本で言えば、平成二十五年は皇紀二六七三年、その長い歴史が終わることにもなるのです。

その「もし」が、民主党政権で実際のものになろうとしていました。

正直、民主党政権誕生前の自民党も、国家を考えない政権になっていましたが、民主党はそれに比較にならないほど、国家解体を目指す政権であったのです。

それに危機感を持った私は、安倍晋三元総理大臣の復活を強く願い、自民党の総裁選に出馬してもらうべく運動しました。

その大きな理由は、安倍氏には国家観、歴史観があると見たからです。

自民党を応援するのではない。安倍氏を応援するということです。国家を担うリーダーで最も必要な資質として私は、日本の国を愛する国家観、歴史観があるかどうかと考えています。東京裁判史観といわれる自虐史観に染まっているリーダーでは、この国の建て直しは無理なのです。米中韓などの外圧ですぐに倒れてしまうからです。

安倍氏は自虐史観に染まっていない政治家です。

国家リーダーが我が国に対する限りない誇りと自信を持って行動することが、国民を目覚めさせることになります。多くの国民が古い歴史と優れた伝統を持つ我が国の真実の歴史に目覚めたときに、それこそ安倍首相が掲げる戦後レジーム（体制）からの脱却ができるのです。

安倍政権の誕生は、日本再生のほんの始まりに過ぎません。日本再生を本物にするためには、安倍首相に長期政権を担ってもらう必要があります。

もしここで安倍政権が倒れるようなことがあれば、日本は再び没落の道を歩むことになります。今の日本には安倍政権が必要なのです。

安倍首相の長期政権が続くことを切に願って止みません。

平成二十五年七月七日

田母神　俊雄

目次

第三章　ウソの歴史を教えたＧＨＱの占領政策

第四章　世界の現実に目を向けよう

第五章　日本が普通の国になるために

第六章　リーダーの覚悟と部下掌握術

第一章　生き残りの全国最年少元特攻隊員の証言

歴史の一コマを知るために

国家の根幹をなす国防問題は、「何もかも日本が悪い」という戦後思想によって忌避されてきました。

それだけではありません。

日本国憲法があったから日本は平和であったなどと、日本弱体化政策の一環で占領軍に押しつけられた憲法を「平和憲法」と呼ぶようにもなりました。

しかもその憲法には「日本さえ悪さをしなければ世界は平和である」という自虐史観の精神が埋め込まれています。

世界を見渡せば、戦争は常にどこかで起き、尖閣問題では中国が軍事力を誇示しながら日本を脅し続けています。

憲法前文にある「平和を愛する諸国民の公正と信義に信頼して、われらの安全と生存を保持」できる状況ではなくなっているのです。

そうしたことで憲法改正の論議が高まっていますが、「平和憲法」を信じる人々は、憲法改正に反対です。

世の中は、どんな問題であっても必ず賛成、反対があります。それをとやかく言っても始まりません。

大事な点は、いま日本が置かれた立場を「国家としてのあるべき姿」で考えた場合、国家リーダーは何を決断し、国民はどう考え、どう行動したらよいのかということではないでしょうか。

これを真剣に考えなければならない時代になっています。

しかし戦後教育によって、国家は悪、軍事力は悪という考えが蔓延しています。その考えを見直さなければ、何をなすかも見えてこないはずです。

そこでもう一度、戦後教育のもとになっている大東亜戦争（占領下で米国から太平洋戦争と呼ぶことを強制された）はどういう戦争だったのか、日本が戦争に負けて占領された時代に何が行われたのか、冷静な目で見る必要があります。

私はこれまで、その実情を本に書き、講演でも話をしてきました。

今回は、その切り口を変えて、生き残りの全国最年少元特攻隊員、中村五郎さんの体験を最初に取り上げることにします。戦後思想のとらえ方を見直す一つのきっかけになると思うからです。

小見出し（編集部で作成加入）以外は、ご本人発行の自伝をそのまま、抜粋して転載することにします。

中村五郎さんは、昭和四(一九二九)年三月二十八日、滋賀県で生まれました。現在(平成二十五年）満八十四歳、新潟県新発田市に住まいし、いまなおご健在です。

特攻全国最年少とは、中村さんが知る限り、中村さんを超える年少者はいないと証言されていることに拠ります。それでは、中村さんの自伝『あの日、あの時ーわが歩み来し七十五星霜ー』（平成十六年発行）より紹介いたします。

大東亜戦争開戦時は満十二歳の旧制中学校一年生

大東亜戦争が勃発したのは私が旧制滋賀県立八日市中学校に進学した年で、昭和十六（一九四一）年十二月八日（月曜日）、寒い霜晴れの日の早暁だった。

当時、農村ではラジオのある家さえ珍しい時代だった。わが家では前年の正月に母が他界し、家の中が淋しかろうと在満の姉や兄たちがお金を出し合い、石馬寺集落では滅多に見られなかったラジオが家の茶の間に据えられていた。

毎朝、学校まで約三十分の砂利道を進学祝いに父が買ってくれた新品の自転車に乗って登校するが、この日の朝もいつものように朝の支度をしていると午前七時の時報が鳴った。

続いて突然「ポポポポン、ポポポポン……」とラジオの臨時ニュースのチャイムだ。

「臨時ニュースを申し上げます。臨時ニュースを申し上げます。

大本営陸海軍部　午前六時発表。

帝国陸海軍は本八日未明、西太平洋上において米英両国と戦闘状態に入れり」

緊張感に溢れたＮＨＫの館野守男アナウンサーの声が二度繰返して流れた。

「戦争だ！　アメリカ、イギリスと戦争が始まったよお！」。私は矢も楯もたまらず家を飛び出し、五分ばかりの近くの畑で朝仕事をしていた父（五十七歳）のところまで一目散に駈けつけ、息を弾ませながら開戦を伝えたのだった。

あの朝の興奮は今なお強烈な思い出として脳裡に刻まれている。

その日、正午に見せられた「宣戦の詔書」、続く東條英機首相の談話「大詔を拝し奉りて」はわが国の「自存自衛」を強く訴えたものだった。

軍国主義教育の真只中で育っていた私たち少年は次々と報道されてくる「大戦果」に酔い、歓声を挙げて日本軍の快進撃を喜び合った。


私が生れ育った時代に日本が戦った戦争や事変を列記すると次の通りである。
○昭和四（一九二九）年三月二十八日 出生
○昭和六（一九三一）年　（二歳）
　満洲事変勃発（九月十八日）
○昭和七（一九三二）年　（三歳）

上海事変　起こる（二月）
満州国　建国（三月一日）
○昭和十二（一九三七）年　　（八歳）
盧溝橋事件（支那事変）勃発（七月七日）
○昭和十六（一九四一）年　　（十二歳）
大東亜戦争（真珠湾攻撃）勃発（十二月八日）

村民挙げての「兵隊送り」

昭和十二年七月、私は小学校尋常科三年生で八歳だった。私の記憶にはっきりと残っているのはこの支那事変の開戦の頃からである。

村の若い青年たちは次々と舞い込んでくる「赤紙」（召集令状）によって出征して行くのであるが当時は「お国の為に」召されて行く若者たちを地域社会はそれぞれの集落民が村を挙げて歓送し、その名誉と勇姿に歓呼の声を張り上げて見送ることが日常繰り返された風景だった。これが所謂「兵隊送り」である。

「進軍の歌」

雲湧き上がるこの朝《あした》
旭日の下　敢然と
正義に起てり大日本
執れ膺懲《ようちょう》の銃と剣

「露営の歌」

勝ってくるぞと勇ましく
誓って国を出たからは
手柄立てずに死なれよか
進軍ラッパ聞くたびに
瞼に浮かぶ　旗の波

「愛国行進曲」
見よ東海の空明けて
旭日高く輝けば
天地の生気溌剌《はつらつ》と
希望は躍る大八洲《おおやしま》
おお晴朗の朝雲に
聳ゆる富士の姿こそ
金甌《きんおう》無欠ゆるぎなき
わが日本の誇りなれ

勇ましい軍歌を全参加者が大声で合唱し「日の丸」の小旗を打ち振りながら最寄りの東海道線の能登川駅まで意気軒昂と兵隊送りの行列は進むのであった。

三番目で七歳年上だった兄庄蔵が昭和十四年六月一日に海軍志願兵として石馬寺集落の人達に見送られ広島の呉海兵団に入団したのは私が十歳、小学校五年生の時で、記念写真の母は未だ元気な姿ではあるが亡くなる七ヶ月前で、なんとなく弱々しい表情が覗える。

「陸軍特別幹部候補生」第一期生に応募

滋賀県立八日市中学校に入学した当時、私の成績は中の上位程度だった。二年生の二学期になって一五七人中三五番となり、三年生になると二十番位にまで上がっていた。

その頃は戦局が日を追って悪化の一途を辿っていた頃で、学校生活も厳しい雰囲気に包まれ配属将校の号令で勉強の合間は激しい軍事教練や夜間行軍、マラソン、武道（私は剣道部）などと鍛えられたが、すぐ近くの陸軍航空隊の飛行場（飛行第三聯隊、のちに中部第九十四部隊）へ勤労奉仕にも狩り出されることも多かった。

昭和十六年

三月学制改革で四月から小学校が国民学校に変ったため、尋常高等小学校は私たちの学年が最終年度となり廃止された。

昭和十七年
開戦記念日の毎月八日が大詔奉戴日となり戦意昂揚が図られた。四月十八日、東京初空襲。「欲しがりません勝つまでは」の標語が合言葉となる。ミッドウェー海戦で連合艦隊大惨敗。

昭和十八年
決戦標語「撃ちてし止まむ」が制定された。

大本営、陸海軍航空戦力拡充計画を決める。

「陸軍特別操縦見習士官」

「陸軍特別幹部候補生」

「海軍飛行予備学生」などの新制度ができた。

学校にも村役場などにも「空だ、男の征くところ」という飛行機操縦者を募集するポスターが貼り出され、私たち旧制中学在校生や大学生、専門学校などの学生に対しては学校を挙げて各担任から応募するよう勧められたものである。

三兄の健三が既に陸軍少年飛行兵十三期生として栃木県の宇部宮陸軍飛行学校で操

縦悍を握り大空を翔けていた頃でもあり、十五歳の少年だった私の大空への憧れは押さえ難いものになっていた。

「陸軍特別幹部候補生」第一期生の募集要項の中、応募できる年令は「大正十三年四月二日以降、昭和四年四月一日までに出生の者」となっていた。

小学校尋常科六年生、十二歳の時、逓信省の「航空機乗員養成所」を受験したが、〝いろはにほへと〟の国語の解釈問題が回答できなかった為に合格出来なかった口惜しい過去を持つ私の胸は高鳴るばかりだった。

父は五男坊の私の志願について特に反対もなく秋も深まった頃、私は「第一期陸軍特別幹部候補生」(操縦)の志願票を取り寄せた。

「なんとしても飛行機乗りになりたい」私の決意は固く燃え上がっていた。

「飛行兵」に合格　福岡県大刀洗《たちあらい》陸軍飛行学校へ

「特別幹部候補生」制度は大本営の航空戦力大拡充方針に基づいて陸軍省が昭和十八年十二月十四日公布した「陸軍現役下士官補充及び服役臨時特例法」に拠ったもので

「航空」「船舶」「通信」の三兵科を志願する十五歳以上二十歳未満の者を対象とする募集制度だった。

この為、兵科は飛行兵の外に船舶兵、通信兵などがあったのだが私は飛行兵以外には全く関心などあるわけもなく「飛行兵」を志願した。しかし飛行機乗りは断然人気が高く希望する者が多かった上、身体強健、学業成績優秀、品行方正であることを求められた上、操縦者としての適性の有無を最終的に問われるというなかなかの難関であった。

第一期生の募集は翌年一月三十一日で締め切られ、身体検査、口頭試問が二月前半実施された後、続いて学科試験が通知され実施されたが、これらの第一次検査に私は学校長推薦で「学科試験を免除する」旨、大津聯隊区司令官名の通牒文書を受け取っていた。

二月初め頃、「第二次検査通知書」(「特別幹部候補生採用予定者ニ決定ス」との通知はがき)を受け取った時は天にも昇るような嬉しさであった。

しかし未だ第二次検査なので検査が終れば一度は帰宅させてくれるであろうと思いながらも営門まで父の見送りを受け三月二十五日の午前八時、指定された通り大津市の大津陸軍少年飛行兵学校（第二試験検査場）の営門をくぐった。

しかし、午後三時頃検査が終了し、合格者が発表されると合格者はその儘、その日の夕方、大津駅をあとに九州の筑後平野の中心地帯にある福岡県朝倉郡立石村の大刀洗《たちあらい》陸軍飛行学校甘木《あまぎ》生徒隊に列車で移動し、翌朝の午前、到着入校したのであった。

今、考えると軍当局が航空戦力の増強急募に迫られていた様相がなんとなく窺えるような入隊の慌しさであった。

生まれて初めての「軍隊」に入隊した私はその時、丁度十五歳の誕生日を二日後に迎えるという純真無垢の幼さの残る少年だった。

第一期約三千人の特幹生が入校

結局、全国から第二次検査に合格した十五歳から十九歳までの男子約三、〇〇〇人が多分その前後の数日間で大刀洗に集められ、それぞれ所属中隊と内務班に割り振られ、兵舎に入ったということだった。

われわれの甘木生徒隊は一中隊から十一中隊までで、少し離れた大刀洗本校には十二中隊と十三中隊があり、全部で十三中隊に編成された。

各中隊は概ね二三〇名編成で各中隊は六個の内務班に分けられ中隊別に各棟二階建ての木造兵舎に入隊したのだった。

入校直後、私は第八中隊の「取締候補生」を命ぜられ、二三〇名に及ぶ全員に「号令」を掛け、指揮をとらされた。私が最年少者ということでそのような任命を受けたものと思うが数日で声が潰れて、発声できなくなった思い出がある。

大刀洗陸軍飛行学校は昭和十五年九月、熊谷陸軍飛行学校の分校として設置された後、昭和十八年に少年飛行兵の地上準備教育の為、新たに甘木の高射砲四連隊跡に生徒隊が設けられ少年飛行兵第十五期生が出た後に私たちの特幹第一期生を迎えたとのことであった。

元来、大刀洗は戦闘機パイロット養成校として後世に喧伝されたが当初は分教場として発足した操縦教育隊である。昭和十八年以降は大刀洗陸軍飛行学校と名称を変え昭和二十年二月まで京城、大田、大邱、隅庄、岡山、大刀洗、京都、木脇、筑後、玉名、健軍、黒石原の計十二教育隊において基本操縦教育が実施され、当時、陸軍で全国最大規模のパイロット養成機関となったようである。

大刀洗陸軍飛行学校甘木生徒隊第八中隊（牧山隊）第一内務班が私の所属先となり、昭和十九年四月八日、入校式が挙行された。「軍人勅諭」の奉読に続いて生徒隊長土井直人中佐、学校長近藤兼利少将閣下の訓示に三千名の第一期特別幹部候補生たちは直立不動の姿勢の下、緊張と誇りに満ちた喜びの日を送ったことが当時の日誌に書き記してある。

特幹は幹部候補生なので上衣の襟に縫い着けた一等兵（星二つ）の階級章の傍に金色に光る座金《ざがね》が輝き、肩章の付いた第一種軍装に胸を張っていた純真無垢のハイティーンエイジ、私の特幹生姿だった。

当時、軍人として堅持すべき精神や行動と心得を約二千七百五十字にまとめ、天皇のお言葉として全員が暗記奉読させられたのが明治十五年一月四日に制定、下賜された「軍人勅諭」であり、その骨格をなすものが左記の五ヶ條であった。

一、軍人は忠節を盡《つ》くすを本分とすへし
一、軍人は礼儀をただしくすへし
一、軍人は武勇を尚《たふと》ふへし
一、軍人は信義を重んすへし

一、軍人は質素を旨とすへし

萬世一系の天皇陛下を現人神《あらひとかみ》として神格化し、天皇を大元帥陛下と仰ぎ奉り、軍隊における上官の命令は天皇陛下の命令であると心得よと「絶対服従」を要求された。

地上準備教育から飛行機の基本操縦教育へ

明治五（一八七二）年に明治新政府が陸軍省、海軍省を設置し国軍が創設されて以来、昭和二十（一九四五）年に敗戦となり軍隊が廃止消滅するまでの七十三年間、日本は強大な陸海軍の戦力を備えていたが、その軍紀のすべての根幹を為していたものはこの軍人勅諭である。

中学校でも暗記させられていた時代であるから特に軍隊に入隊したからといって困る程のことではなかったが軍人勅諭の暗誦は当然のことで、すべての行動規範として徹底教育されたものだった。

甘木生徒隊における地上準備教育の四ヶ月間に実施されたものは航空兵操典、軍隊内務令、普通学（国語、数学など）、航空力学、体操、教練、作戦要務令、器材取扱（発動機等)、滑空(グライダー)訓練、剣術、行軍、マラソン、精神訓話などで、毎日起床から消灯ラッパの鳴り響くまで厳しい日課が課せられた。

七月二十四日、生徒隊の課程が終了し、いよいよ待ち憧れていた飛行機の基本操縦教育へ進む為、朝鮮(現韓国)忠清南道の大田教育隊へ転属することとなり、七月二十六日、甘木生徒隊を午後出発。下関の兵站で仮眠、翌朝九時下関港を出港、約九時間程の船旅で釜山に到着、初めて朝鮮半島の土を踏んだのだった。

釜山から陸路を貨物列車に揺られて七月二十八日、忠清南道の大田《たいでん》教育隊に到着。甘木を出発して二泊三日のハードな転属の旅だった。

長旅の疲れを癒す暇もなく一一〇名程のわれわれ候補生は二区隊、四ヶ内務班に分けられ基本操縦課程の教育隊生活がスタートした。

八月一日、快晴の夏空の下、待望久しかった憧れの飛行演習が開始された。

基本操縦教育は操縦班がひとつの単位で生徒四、五名が順番に一人づつ一人の助教といわれる教官同乗の下に、毎日ほぼ、半日程度、九五式中型練習機による操縦技術の基本教育を受け、残る半日が学科（気象学、機関学など）や落下傘取扱、体操、行軍その他、夜中の非常呼集など気合いを入れられ通しの猛訓練が展開された。

「九五式中型練習機」で初の「単独飛行」

吉田清太郎班長は優しい性格だったが班付兵長（少年飛行兵の第十四、五期出身者というわれわれより僅か先輩）たちには起床から消灯まで、何だ、かんだと気合を入れられ、顔を殴られるのは日常茶飯事であった。

特に団結心を強く要求され、内務班二十数名は互いに家族、兄弟以上の仲で寝食を共にしたが、その中の一人でも行動が遅かったり、身辺の整理整頓に落ち度があると全員が罰せられる。一番ひどかった思い出は二月に入ってからの厳寒の夜「舎前に整列」「腕立て伏せ」をさせられた後（この時、候補生全員は褌ひとつの裸姿）、候補生の背中に馬穴の水をぶっかけられたことがあった。

それは零下十度を下回る酷寒の夜だったので、その後は直ちに兵舎に入れられ、暖をとらされたのだがあれは忘れ得ぬ加罰の夜であった。

われわれに基本操縦を体得させる為に使用された機種は「九五式中型練習機」といって陸軍の各飛行学校で使われた最もオーソドックスで操縦性能が安定し易い飛行機であり、きびしい中にも嬉しさ一杯の飛行演習だった。

発動機は九気筒星型、空冷式、三五〇馬力。複葉複座のいわゆる「赤とんぼ」と称する飛行機で巡航速度一五〇キロメートル、最大速度二三〇キロメートルという現在の新幹線を大巾に下廻る速度しか出せないものではあるが、急反転、上昇反転、錐揉《きりも》み、宙返り、急降下、空中始動、夜間飛行その他、一応、何でもこなせる名練習機だった。

最初私に操縦を教えてくれた助教は野末伍長（当時二十歳位）で十五歳の私が初めて操縦席に同乗し、大空から眼下に広がる田畑や市街地を初めて俯瞰した喜びの初飛行の八月一日から丁度一ヶ月後の九月一日の日誌に願望の「単独飛行」を許可されて生まれて初の自分一人で飛行機を操縦した喜びが書き記してある。離着陸も上手に出来て「赤い吹き流し」を翼に着けて飛んだ日の緊張感と感激は今もって忘れられぬ思い出である。

因みに私の単独飛行は大田教育隊一一〇名の生徒中、一番ということで嬉しさが一入《ひとしお》であった。

石油資源確保に乾坤一擲《けんこんいってき》「捷《しょう》一号作戦」

昭和十六年十二月八日の開戦から翌十七年五月頃までは快進撃を続けた大戦果の報告が全国民の意気を大いに昂揚したのだったが、昭和十七年五月の南太平洋のミッドウェー海戦で日本帝国海軍が惨敗し大打撃を蒙ったあたりから彼我の立場は逆転し、その後、わが方は次第に敗色が濃くなり、翌昭和十八年二月に至り、遂にニューギニヤ島の東、ソロモン諸島の拠点、ガダルカナル島からの敗退を余儀なくされた。戦前は日本の移民統治領となっていたマーシャル諸島とマリアナ諸島（サイパン島など）そしてカロリン諸島という重要な中部太平洋のわが国の戦略拠点も昭和十九年二月に至り米機動部隊の攻撃で次々と壊滅的打撃を受け戦力は大いに損耗した。

そのような苦しい戦局の中で遥か西のビルマ（現ミャンマー）でイギリス軍とのインパール作戦が繰り広げられ日本軍は敗退した。

いまなお語り継がれている言語を絶する死闘が展開されたのである。

昭和十九年七月に入るとサイパン島守備隊が玉砕し、八月にはレイテ沖海戦で連合艦隊は壊滅的な被害を受け、グアム島も玉砕した。

連合軍が戦略目標にしたのは東南アジアの中心で日本がジャワ島やスマトラ島（現インドネシヤ）から輸入する石油、ゴム等の戦略重要物資を積んだ船の航行を遮断する為のフィリピン島近海の制圧であった。比島の争奪戦が天下分け目の決戦として迫っていたのである。

比島（フィリピン）作戦は大東亜戦争の雌雄《しゆう》を決する最後の山場であった。

九月に入り大本営は近代戦続行の為に、乾坤一擲《けんこんいってき》の「捷《しょう》一号作戦」を決定した。

石油資源の確保の為にはフィリピン島確保が絶対不可欠の条件であった大本営は国家の命運を比島作戦に賭けたのである。

十月になるとアメリカはフィリピンの後方拠点である台湾を空襲、十二日から十四日の三日間台湾沖航空戦が戦われ、わが海軍航空隊の零戦と敵のグラマンとの空中戦が繰り広げられた。

この戦況は明らかに日本の敗戦を前ぶれするような惨めなもので、この状況を克服する方法は敵空母に対する体当りのほかないと比島作戦の総指揮官として赴任したばかりの大西瀧治郎第一航空艦隊司令長官（海軍中将）は豊田連合艦隊司令長官と協議判断して決意したと伝えられている。

フィリピンで「神風特別攻撃隊」編成　出撃は昭和十九年十月二十五日

海兵第七十期の関行男大尉を隊長に、甲種飛行予科練習生第十期出身者を中心とした初の「神風特別攻撃隊」が編成されたのはこの時である。

「敷島隊」「大和隊」「朝日隊」「山桜隊」の隊員二十四名が零戦に搭乗し特攻出撃して敵艦に突入、散華したのは十月二十五日の早朝のことである。

同じ頃、陸軍航空本部は富永恭次中将を比島方面総司令官に任命したが、海軍より早く九月八日、既にマニラに着任していた。

海軍航空部隊の大西瀧治郎中将が体当り攻撃を部下に告げていた同じ日の十月二十日、内地では茨城県の鉾田《ほこた》教導飛行師団に「特攻隊」編成命令が下ったのである。

翌日の十月二十一日、岩本益臣大尉を隊長とする飛行七十五戦隊の中から選ばれたのが九九式双発軽爆撃機を操縦する十六名の「万朶隊《ばんだたい》」の勇士たちだった。

私の三兄、中村健三（当時伍長）は、この飛行七十五戦隊の一人として鉾田を出発、十月十二日浜松を発ち、大刀洗で一泊して翌朝、沖縄を避けて上海へ飛びフイリピンのルソン島に向ったことが当時、朝鮮の大田教育隊にいた私に宛てた郵便はがき（兄の絶筆として私が大切に保存してきた最後の便り）の文面に残されている。

現地で「旭光隊」（十二名）に選ばれた兄健三は昭和二十年一月六日、ルソン島のリンガエン湾上陸をめざして侵攻してきた六〇〇隻以上の敵の大艦船に突入、散華されたのである。

比島方面での特攻出撃で国の為に犠牲となった特攻隊員は、陸海軍で合計七五一名、飛行機は五三五機に上ったが、彼我の戦力には大差があり、フィリピン諸島は約三ヶ月で米軍に奪われ、日本軍は沖縄に後退を余儀なくされ、敗戦は一段と濃厚なものとなった。

復員後、父から聞いた話によると、健三兄の特攻出撃の様子は当時直ちに新聞やラジオで大きく報道された上、兄の特攻戦果は感状上聞に達し、その功績を称えられ四階級特進、陸軍少尉に任ぜられ、功四級金鵄勲章に輝いたそうである。しかし、今となってはその死は無駄となり、なんとも悲しく、いたわしいことはこの上もない。

嗚呼！　悲しくも称《たと》うべき哉《かな》、
わが三兄健三の露の如き短くも光れる人生。
三兄は大正十三年（一九二四年）七月二十三日生まれで当時、若冠二十歳の若者だった。十六歳で特攻隊員となり、特攻出撃直前の敗戦で生き残った私は兄の特攻戦死に特別の思い入れがあり、今は只ただ、安らかなご冥福を祈るばかりである。

第一選抜「と号要員」（特攻隊要員）に指名される

基本操縦教育の大刀洗陸軍飛行学校旧朝鮮・忠清南道にあった大田（現在テージョン）教育隊での生活は昭和十九年七月二十八日から満七ヶ月で翌年の二月二十八日に終ったことが当時の日誌に記録されている。

思い出深い大田からわれわれはいくつかのコースに分かれたが京城派遣隊に転属を命ぜられたのは約半分程の人数ではなかったかと記憶している。

大田駅で見送りの幹部の人々と別れ列車で京城市（現在ソウル）の永登浦駅に着いた後、徒歩で漢江《ハンガン》の中洲にあった汝矣島《ヨイド》飛行場に駐留していた部隊に到着したのはその日の午後、寒さ厳しい日だった。

われわれの転属組を受け入れた部隊は名称が変り、この日から朝鮮宙第五四三部隊龍山隊と呼称することとなり、私は竹内軍曹の第三内務班に編入された。

三月十日、第九練習飛行隊第四教育隊入隊式が行われたが、この頃になると飛行機の燃料が補給されなくなり、飛行演習は中断されてしまった。戦時の様相は一段と厳しさが加わり、丁度この頃、壮絶な沖縄攻防戦が始まろうとしていて部隊内にも緊迫した空気が満ち溢れていた。


三月二十六日硫黄島の栗林中将以下の守備隊が玉砕し、日本本土防衛の最後の砦となる沖縄死守の為、大本営は遂に「天一号」作戦を発動。米艦隊が沖縄本島南部に艦砲射撃を開始したのはこの二日前の三月二十四日である。

沖縄の攻防戦は日本側に二十四万四千人、米側に一万二千五百人の戦死者と、莫大な航空機、艦船の損害を双方に出すという空前の残虐極まる壮絶な死闘が展開されたのだが、日本の陸海軍航空部隊による特攻出撃機数は、沖縄戦だけで一九一二機、三〇一八名の勇士が愛機と共に敵艦船に突入し、国の為に若いいのちを捧げられた。

僅か三ヶ月後の六月二十三日に米軍の手に陥落したのだった。

復員するまでの一年七ヶ月近い軍隊生活で一番手厳しい鉄拳制裁を受けたのは丁度この頃で神経質な竹内班長のわれわれ特幹生に対する鍛え方は通常ではなく殴られて腫れ上った頬は食事さえ困難という日も多い非道いものだった。

団結と軍の規律のためとはいいながら現代社会では凡そ通用する類の話ではない。四月十二日に至り漸く待望の飛行演習が再開され、われわれの士気は一挙に燃え上がった。

この丁度一ヶ月後の五月十二日、特幹一期生の中から第一選抜の「と号要員」(特攻隊要員)が指名された。最年少の十六歳の私のほか、合計六名で、この日陸軍伍長に進級任官したのである。

"国家のために自分の生命を捧げる"は日本男子最高の名誉だった

徹底した精神教育を受けて大日本帝国の必勝と、神州不滅を固く信じ、「鬼畜米英」撃滅のため肉親との情愛や人生への執着を断ち切って遥か南の空や海に散華して行った若い先輩特攻隊員のことを聞かされていた私たちの意気は大いに燃え上がり、選ばれたことに大きな喜びと密かな優越感に浸ったものだった。

嘘のような本当の話であるが戦後生まれの人達に理解される話ではないし、当事者だった自分自身でさえ、その当時、国家のために自分の生命を捧げることを日本男子最高の本懐であり、名誉と信じ、張り切っていたことが不思議にさえ思われるのである。

私達は数日後、黄海道の海州《かいしゅう》（現ヘチュ）という京畿《キョンキ》湾に面した北緯三十八度線の僅かに北にある海辺の町の特攻訓練基地へ転属を命ぜられ移動、五月二十五日、全国から集められた特別操縦見習士官の第一期生、第三期生の人達と特別幹部候補生が全部で七十八名、これを一隊六名で六機編隊とする十三隊の振武隊を編成し、翌日から特攻攻撃のための専門の訓練が開始された。

私は振武四一四飛行隊に所属し、その六名はあの世行きを共にする仲となり終戦までの三ヶ月近く起居を共にした仲であった。

今にして思えば正に自殺行為ともいうべきものが特攻隊だった。

しかし、純真無垢で未だ十代のわれわれ紅顔の若者たちは、心の底から敵米英撃滅の意気さかんで迫って来る出撃命令に即応できるよう日夜の特攻訓練飛行を重ねていた。

私たちが主として繰り返していた訓練は、約一、二〇〇米の高度から飛行場のピスト前に敷いたT字型の白布を目標に概ね地上、五〇米位の超低空までの急降下突撃。

この訓練は後半、実際に海上に標的船を航行させ愛機に一五〇キロの模擬爆弾を装着しての急降下突撃訓練となり迫真のものだった。

九五式中型練習機は、特攻機としてはあまりに粗末な飛行機だったが、前にも述べたように操縦性能や安定性は抜群でわれわれは大田、京城時代、相当期間の飛行演習をやっていてこの飛行機は親しみもあり慣熟していた。

特攻訓練は超低空の編隊飛行が多く、これは平地や海面だけでなく山峡地帯も随分飛んだ。

それに編隊離着陸や空中集合、夜間飛行、薄暮飛行などが主で一般的な戦闘訓練や射撃などはなく、すべては敵艦船への低空接近と急上昇後、突入角度六〇度の急降下、突撃体当りを成功させるための訓練にすべてを集中した。

米艦船を対馬海峡の済州島近海で撃破せよ

約二ヶ月の特攻訓練も終り、いよいよ出撃も間近いという七月の末頃、全員に「遺書」「遺髪」を添えて各自の郷里へ郵送を指示され撮影したのが別掲（次ページ）の特攻隊姿の写真である。

軍刀を手に飛行服の両袖に日の丸を着け、縛帯には「中村伍長」の名札、そして「君が為　何か惜しまむ若桜　散りて甲斐ある　命なりせば」と辞世の句を書き遺した十六歳の私の「遺影」である。

「大日本帝国の為に死ぬこと。天皇陛下の為に己の生命を捧げることは日本男子として生まれた自分の最高の名誉であり、立派に死ぬことこそ最高の生き方である」と心の底から信じ、死を恐れたり忌避する気持などなかった私達の偽りない気持だった。現代では到底想像も出来ない嘘のような話であるが、偽りのない事実である。

「遺影」
振武第４１４飛行隊
陸軍伍長　中村五郎　満 16 歳
朝鮮　黄海道　海州飛行場にて
（昭和 20 年 7月下旬頃）
特攻出撃突入の日もいよいよ迫り、海州に待機中の振武隊全員７８名に「遺影」の撮影と、その写真に「遺書」「毛髪」を添え、各自の郷里の家族に郵送するよう命じられた。

昭和二十年八月十五日、快晴の夏空だった。海州の振兵隊十三隊にいよいよ出撃命令が下った。

「日本本土上陸の為、日本海に侵攻して来る米艦船を対馬海峡の済州島近海で撃破せよ」という内容で私達は朝鮮半島の西南端、全羅南道の木浦《もっぽ》に設けられた特攻出撃前線基地への移動を命じられた。この日、午前十時飛行場にわれわれ全隊員と飛行機が集結、整列し出陣式が挙行された。

神主のお祓い、冷酒で乾杯が済んで互いに固い握手を交し整備班が発動機始動を開始していた。

海州の特攻訓練基地から直線距離で約四〇〇キロ南下したところが特攻前線基地の木浦で、日本でいうと新潟市から滋賀県長浜市ぐらいの地点であり、当時でも三時間程度で移動できた。

前線基地から済州島近海まではこの特攻機で約一時間の距離である。

沖縄が陥落したのが六月二十三日、その後米軍は八月六日に広島に、九日には長崎に原爆を投下し、いよいよ日本本土上陸作戦は圧倒的な物量を誇る米軍の圧倒的な猛攻の下、事態は急を告げていた。

出撃二、三日前に終戦　慟哭と安堵（満十六歳五ヶ月）

私たち振武四一四飛行隊はじめ、海州特攻隊や他の五航軍（在朝鮮の航空部隊）の特攻隊と共に東シナ海を北上し、対馬海峡を通り日本海に侵攻、日本本土へ日本海側から上陸しようとする敵艦船群が目標であった。

この日、木浦に移動すれば敵の北上を捕捉して直ちに特攻出撃命令が出ることは目睫《もくしょう》に迫り、おそらく出撃は一日か二日の間と思われる、正に特攻出撃直前のことでわれわれは既に自分が一二〇％敵艦船に突入戦死する決意を固め、悲壮な雰囲気の中にもいよいよ出撃だと意気は盛んだったように思う。

いよいよ一番機が離陸を始めた頃、突然発煙筒が焚かれ、全機に出発中止命令。総指揮官の瀬川雄章少佐から「本日正午、重大放送のラジオを聞くため、全員本部前に集合せよ。」との指示があり出陣式は中止となった。

正午から天皇陛下の玉音放送（戦前、一般国民は神格化された天皇のお顔やお声などに接することは殆んど皆無だった）が行われたが雑音が多く内容がよく聞き取れない。お互いの顔を見合せていると説明が行われ、ポツダム宣言を受諾し、日本は無条件降伏したことを知らされた。

日本の必勝を固く信じて自分の生命を国家に捧げることを男子の本懐これに過ぐるものなし、と教育され、心底からそれを信じていたわれわれはあまりの落胆と口惜しさに収まるところを知らずお互いの肩を抱き合って夕方近くまで慟哭したのであった。

一部の者は耐えられず、抜刀して暴れたり、一部の基地では命令に従わず勝手に飛行機に搭乗、離陸して海に突込んで死んだ者もいたという話もあった位で、死ぬ直前の出来事だったわれわれの精神的打撃は計り知れないものであった。

夕食の頃、漸くわれに返った私たちは落胆と絶望の中で、「これで助かったと」と安堵の気持が交錯する複雑な終戦の日の夜だった。

私の人生でこれ程運命的で忘れ得ない日はなく、その日を境に私の二度目の人生が始まったのである。

昭和二十年十月十四日の夜、生家に生還、復員

日本の敗戦が避けられない状況に至った八月九日、「日ソ不可侵条約」を一方的に破棄し、ソ満国境を越えてソビエト連邦軍（スターリン首相）が満州に侵攻し、終戦となった日の三日後、八月十八日には北緯三十八度線まで一気にソ連軍が侵略し、当時の満州及び三十八度線以北の朝鮮半島、樺太を制圧したのである。その上、降伏した日

本軍の将兵六〇万人以上を捕虜としシベリヤ各地に無理に強制連行して、酷寒や飢餓の中で苛酷な労働をさせた非人道的なやり方で六万人以上が飢餓又は凍死したのであるが、このことは決して忘れることの出来ない共産主義ソ連（当時）の許されない不法不当で歴史に残る非人道的な蛮行である。

あと半日程で危うく難を逃れた私たちは南鮮（現韓国）の忠清南道、鳥致院の町で約一ヶ月位、待機生活を送った後、十月初め、漸く復員帰国の許可があり欣喜雀躍《きんきじゃくやく》、釜山港へ向かった。

乗船前の所持品検査が米兵によって行われ私たちは一番大切にしていた飛行服、飛行帽、飛行長靴、飛行時計、煙草六〇〇本、などの所持品を殆んど皆、没収され丸裸同然の軍服に伍長の階級章と航空胸章を付け復員船に乗船、島根県の境港に入港したのだが、遥かに祖国の島根半島を遠望した時の感激と喜びは忘れられない。

忘れもしない昭和二十年十月十四日の夜、午後八時頃、私は無事、滋賀県神崎郡南五個荘村（現五個荘町）大字石馬寺五六五番地の生家に生還、復員した。

東海道線の能登川駅で汽車から降り立った私は約一里（四キロメートル）程の夜道を故郷に帰って来た感動を押さえながら石馬寺の実家への道を急いだ。

「只今！」。突然の帰宅に私の元気な姿を見た父は「五郎！　帰って来たかい。よう元気で……。」と声を詰まらせ驚きと喜びを満面に浮かべて迎えてくれた。

父は私より四十五歳年上なので当時六十一歳の初老、連れ合いである私たちの母を亡くして五年と九ヶ月が経っていた。

既に五郎は死んだものと諦めていたらしい。

第二章　大東亜戦争はアジアの独立と日本の自存自衛の戦い

日本というお母さんが生んだアジア諸国の独立

私はよく講演などで、タイの総理大臣だったククリット・プラモートの話をします。タイの帝国陸軍司令官だった中村明人陸軍中将が戦後十年経ってタイを訪れました。その時ククリット・プラモートは現地の新聞「サイアム・ラット紙」の主幹で、後に総理大臣になるわけですが、中村中将になんと言ったかが残っています。

「日本のおかけでアジアの諸国はすべて独立した。日本というお母さんは難産して母体をそこなったが、生まれた子供はすくすくと育っている。今日、東南アジアの諸国民が米英と対等に話ができるのはいったい誰のおかげであるのか。それは身を殺して仁をなした日本というお母さんがあったためである。十二月八日は、我々にこの重大な思想を示してくれたお母さんが一身を賭して重大な決意をされた日である。

さらに八月十五日は我々の大切なお母さんが病の床に伏した日である。我々はこの二つの日を忘れてはならない」

実はこれだけではなく、インドやビルマ、フィリピンなど各国の首脳が同じようなことを言っています。戦争が終わった時点で、みんな日本に感謝をしていたのです。

「日本は悪い国」というGHQの思考回路

ところが、こうした日本への感謝の言葉は、ほとんど聞くことはありません。反対に中国、韓国をはじめ、日本国内でも「アジアを侵略した」などと、日本を非難する声を多く聞きます。

また安倍首相が、憲法改正を口にすると「右傾化」、「軍国主義の復活」と言い、靖国神社に閣僚が参拝しても同じ。自衛隊を国防軍にすると言うと、世界ではごく当たり前のことなのに、これも同じ反応です。

歴史認識でも全く同じ、いずれも判で押したように反応します。

中国、韓国などは、それを外交の切り札として使っていますので、よほど日本がしつかりした歴史認識を持たなければ、それを跳ね返すことはできません。

それにしても「右傾化」、「軍国主義の復活」「戦争になる」などと言う日本のマスコミや政党、団体は、本当に日本の現状を正しく見ているのでしょうか。

ごく普通の国民感覚があるなら、そうは見えないはずです。

靖国神社に行って、どこに軍国主義があるというのでしょうか。

現在の自衛隊を見て、本当に戦争を起こすというのでしょうか。

憲法を改正したら、本当に日本は戦争をすると思っているのでしょうか。戦争が出来る態勢をとっておくことが戦争を防止するという、ごく当たり前の国際常識を、彼らは持っていないのです。

どうも彼らは、そうした感覚を待つまでもなく、憲法改正と聞くだけで、「右傾化」「軍国主義の復活」と反応する思考回路ができているようです。

それは国家を考えない、国家観を持たない思考回路です。

それこそ日本が戦争に負け、占領軍に日本が約六年半統治された時に、徹底して「日本は悪い国」と刷り込まれた結果なのです。

昭和二十七年、日本が主権を回復した以降も継続して日本人自身が、例えば日教組や左翼政党、占領政策を支持するマスコミなどがその役割を担って、さらに「日本悪し」の思いを増幅させてきたのです。

しかしそれでは真面《まとも》な国家にも日本人にもなり得ません。

安倍首相が目指す「日本を取り戻す」は、まさにそうした戦後思想から脱却することにあると私は思っています。

歴史は戦勝国が作るのです。戦争に負けた日本は一時、戦勝国アメリカの歴史観を強制されます。正義の国・民主主義国家アメリカ、極悪非道の独裁国家日本という構図の歴史です。

それはウソなのです。

独立したら早めに我が国が考える誇りある歴史を取り戻さなければなりません。

しかしアメリカによって巧妙に仕掛けられた我が国自己弱体化の仕掛けから、我が国は戦後抜け出ることが出来ず、現在なお、自分の国を自分で壊し続けているのです。

日本が悪い国だと書いてある憲法、サヨクによる大学の支配、サヨクの政治運動態勢の強化など、我が国は強い、誇りある日本を造るためにこれらの戦後体制を壊さなければなりません。

WGIP

GHQ（連合軍最高司令官総司令部）が徹底して日本を悪者にする日本罪悪史観宣伝作戦として行ったのがウオー・ギルト・インフォメーション・プログラム（WGIP）です。それによって、なにもかも日本が悪いという罪悪感が日本人に植えつけられていったのです。

止むを得ず開戦に踏み切った大東亜戦争の歴史的背景

占領政策で、日本を侵略国家に仕立て上げたのには、白人国家の侵略の歴史を消すためでもありました。

第一章で登場して頂いた中村五郎さんは、戦後しばらくご自身の体験を語ることはありませんでした。でも、戦後五十年頃から戦争を知らない人たちに、機会があると話をされてきたそうです。その中で、なぜ日本は大東亜戦争に突入していったのか、その歴史の背景も話されています。次に掲載するのは中村さんの平成十二年の講演記録ですが、ここに抜粋して紹介することにします（小見出しは編集部）。

欧米列強五百年のアジア侵略と植民地支配の史実

……西欧諸国、即ち「白色人種」と云う言い方でもよいと思うのですが、近世約五〇〇年前から二十世紀までのこれらのアジア侵略の史実について、皆様とご一緒に改めて勉強をしたいと思う次第でございます。

十五世紀末にスペインとポルトガルによる海外征服の為の新航路が開拓されたのが始まりでありますが、スペインの中南米、西インド諸島の征服、ポルトガルによるアフリカの南端、喜望峰経由でのインド進出に始った東南アジアへの交易ルート、航路の開拓によって南シナのマカオ、マラッカ王国の支配下にあったマレー半島南半分、スマトラ・ジャワ等への侵略が白人のアジア侵略の始まりであります。

日本には、十六世紀の一五四三年にポルトガル船が種子島に漂着して鉄砲が伝来しました。

コロンブス以下のスペイン勢はアメリカ大陸にはばまれて東洋への進出に出遅れたのですが、ポルトガルは東南アジアの香辛料（胡椒とかスパイスなど）を一手に押さえた結果、莫大な富を手中にして西欧の名もなき一小国のポルトガルが一躍、西の一大強国となりました。

このあとスペインも南米大陸の南端マゼラン海峡を経由、太平洋を横断して、サイパン・テニアン・グアム・フィリピンに到進した後、マニラを拠点として、アジア侵略を進めました。

このあとスペインの抑圧から一六一二年独立したオランダもこのスペイン・ポルトガルが開拓した同じ道を通って大西洋・太平洋の世界に割り込んでいったのであります。

十七世紀中頃になると、オランダは現在のインドネシアを中心に確固たる拠点を築きその後は三三〇年間に亘ってオランダによるインドネシア植民地支配が続くのであります。

イギリスのインド支配もそうでありますが、オランダは植民地支配を会社組織にし、一見、政治的・軍事的には手を出さないように見せかけているが、ご承知の通り「植民地」と云うのは、自国の利益追求の為には現住民を巧に使い、人間扱いをしないで搾り収れるだけ搾り上げる奴隷政策であり、戦中、日本がアジア諸国と「共存共栄」をうたって樹立した「大東亜共栄圏」とは、その性格に於いて全く異なるものでございます。

現住民や後進国の人間を奴隷として酷使

近年五〇〇年の世界を概観すると、十六世紀がスペイン、十七世紀はオランダ、十八世紀と十九世紀がイギリス、二十世紀がアメリカと云うように世界の覇権が握られているのでありますが、これら西欧諸国の覇権は現住民や後進国の人間を奴隷として使役することに於いて共通したものが見られます。

イギリス、アメリカのアジア侵略

また、自国の利益や富の獲得の為にはやりたい放題、人道無視による国家ぐるみの奴隷貿易をはじめ、西欧（白人）のとってきたアジア侵略の歴史には、すさまじいものがあります。

イギリスなどはインド産のアヘンを中国に売り込んで巨利をむさぼり、中国に拒否されると、今度はアヘン戦争を仕掛け、香港を奪い取ったことは、みなさんよくご承知の通りであります。

一八九八年、十九世紀末にアメリカは、マニラ湾でスペインの極東艦隊を撃滅してフィリピンをアメリカの軍政下に押さえ、その勢いにのって、太平洋の島にハワイ・グアム・その他を手中にしたのでございます。

ロシアは十八世紀の初頭からシベリア進出を始め、一七〇六年にカムチャッカ半島を占領。清国にも黒竜江（アムール川）以北を割譲させるなどアジア侵略を盛んに行い、続いて一八六〇年、ウスリー川以東の沿海州を手中にし、ウラジオストークに初めて日本海に不凍港を確保するのであります。

日本にも白人の侵略の手が

アヘン戦争から十年後の一八五三年六月、今度はアメリカのペリーが率いる軍艦四隻が浦賀に姿を現わし、日本は国を挙げての大騒ぎとなり、開国か攘夷かをめぐり、いわゆる幕末の大動乱を迎えるのであります。

翌年、嘉永七（一八五四）年三月三日、幕府は日米和親条約を締結しますが、これを見た列強のオランダ・イギリス・フランス・ロシアが通商条約を結ぶようにわが国の幕府に迫り、強圧的で不平等な条約を締結させられることになりました。

このままでは日本が欧米勢力に呑み込まれてしまうと云うことで国を二分する騒動となり、井伊大老による「安政の大獄」で吉田松陰等が処刑されましたが、坂本竜馬の斡旋によって実現した薩長同盟が幕府の大政奉還を早め江戸城の無血開城を迎えたのでございます。

かくして、わが国は天皇を中心とする明治維新（一八六八年）となり、明治新政府が樹立され、近代日本の夜明けを迎えました。

押しつけられた不平等条約

日本は、ロシアとの間では千島列島の択捉《えとろふ》、得撫《うるっぷ》両島間を国境とし択捉以南は日本領、得撫島以北をロシア領、樺太《からふと》は雑居地とすることを取り決めました。

しかし新政府は幕府が外圧と国際的常識が不充分な時に結んだ不平等条約の改正を

その後の日本の名誉ある独立の為に一日も早く解決しなければならない国家的課題として抱えておりました。

当時、新政府はいろいろと努力したようですが諸国との改正条約の調印ができたのは明治三十年（一八九七）年、日清戦争に勝利した後のことです。

隣国、朝鮮との国交樹立までにも数々の苦労があったようですが、明治九（一八七六）年、漸く日朝修好条約が結ばれました。

日清戦争後の三国干渉に臥薪嘗胆

しかしロシアの朝鮮への進出欲、清国の影響などが深刻で、日本は常に脅威を受け続けており、朝鮮の安定独立が不可欠でした。

日清戦争（明治二十七年〜明治二十八年・一八九五年）も日露戦争（明治三十七年〜明治三十八年・一九〇五年）も、その後の満洲事変（昭和六年・一九三一年）、支那事変（昭和十二年・一九三七年）も結局この事と深い関係があり、日本の独立自主路線を守る為に起ったものばかりであります。

日清戦争で日本が大勝し遼東半島や台湾澎湖島が日本に割譲され、賠償金が支払われた後、ロシアはドイツ、フランスと手を結び、日本に対して遼東半島を中国へ返せと軍艦をさしむけてきました。

これが三国干渉です。

日露戦争の勝利がアジア解放の目覚め

その後、ロシアは清国への発言権を強め、秘密の対日軍事同盟を結び、満洲横断鉄道の敷設権、遼東半島の旅順大連湾などの租借権も獲得しました。その後も満洲を占領していたロシアはますます軍備を強化し、朝鮮半島に迄、軍事基地を作り始めました。

日本はその動きに危険を感じ撤退するようロシアに求めたのですが、聞き入れない為、日本は止むを得ず宣戦布告し、日露戦争が始まったのです。大国ロシアに日本はとても敵わない、との予想に反して日本は、陸軍は最後奉天でロシア軍を総崩れさせ、海軍は日本海海戦でバルチック艦隊に壊滅状態の打撃を与え勝利しました。

アジアの小国日本が、世界の大国ロシアに大勝したことは、有色人種が白人に勝ったという史上初の出来事であり、これは日本が誇るべき快挙でもありました。日本の勝利はアジアの植民地各国に大きな勇気と希望を与えアジア解放と独立への気運が急速に高まりました。

日本を抑え込む英米による軍縮会議

第一世界大戦後、国際連盟が設立され、諸国は平和維持を求めたのですが、アメリカとイギリスは日本がロシアに勝った後、日本の突出を警戒し始め、抑圧政策で意見が一致し、一九二一（大正十）年ワシントンに於いて、日、英、米、仏、伊、五ヶ国による軍縮会議が開かれました。

これは英、米両国による日本の抑え込みが目的で、一九三〇（昭和五）年にはロンドン軍縮会議が開かれ、平和を希求する日本は英米に対抗する力もなく、順応せざるを得ませんでした。

加えて、英米は中国に対し、巧みな外交で反日運動を援助したのです。

そのような背景で起きたのが満洲事変（一九三一年）で昭和六年のことでした。

最後通牒を突きつけられ開戦に踏み切る

こうして次第に日中関係は極度に悪化し支那事変が昭和十二（一九三七）年七月に始

まり、途中では幾度か停戦への努力がなされましたが成功せず、戦火は拡大して行きました。

日本としては重慶への援蒋ルート（蒋介石政権援助ルート）を断ち切る為、仏領インドシナ（ベトナム、カンボジア、ラオス）に進駐し、同時に日、独、伊、三国同盟を結びました（昭和十五年・一九四〇年）。

これを敵対行動と考えたアメリカは日本を圧迫するため、ABCD包囲網（米、英、中、蘭）を構築し対日包囲網を強化したのです。日本としては極力、英米との戦いを避ける為に外交交渉に努力しましたが、相手は既に戦端を開く策謀をねっていました。

昭和十六（一九四一）年八月、アメリカは「対日石油輸出全面禁止」を決め在米日本人の資産凍結を行い、石油を含む主要物資の対日輸出全面禁止に踏み切ったのです。

険悪化した日米関係を打開しようと日本政府は必死の外交努力を重ねましたが、アメリカの要求は日独伊三国同盟の破棄、陸海軍の中国からの全面撤退など、半世紀も前の日清戦争以前の状態まで戻れと云うもので、いやしくも独立国の日本として要求に服し得ることではなく、遂にその要求を最後通牒と認め止むを得ず開戦に踏み切ったのが大東亜戦争開戦迄の背景でございます。

国民の国家意識、国防意識をしっかりとしたものに

この講演で中村さんは次のような内容で話を結んでいます。

私は二十一世紀において日本が国際社会の中で平和と繁栄を維持し、名誉ある地位を得て、世界平和に寄与し、世界各国から信頼と尊敬を集めるような国家、国民になる為にぜひとも憲法を改正すべきであり、このことなくしてこの国の前途は決して安泰であるとは考えられないことだと思っております。

私は学者でも、政治家でもございません。全く平凡な一市民であり、専門的なことは分かりませんが、確信を持って主張したいのです。

なかでも私が何としても改正して欲しいと望んでおりますのは、第一に理念的で現実の国際関係には合致しない前文を改め、天皇を中心に世界最古のすばらしい歴史と文化、伝統を誇る国柄を示すべきであること。第二は、「基本的人権の尊重」と「公共の利益」「公の秩序」という個人と全体の関係を改め、今迄のような個人ばかりに偏らない両方が調和のとれたものにすべきであるということ。

第三は国家の安全を守る自衛隊を日本国の平和と独立を守り、安全を保つ為に「自

衛の為の軍隊」とし、国民の国家意識、国防意識をしっかりとしたものに変え再構築するという三点でございます。

他人を顧みない自己中心的な風潮と犯罪を防ぎ、お互いを尊重し、すべての人々が安心して暮せる自由社会を築き、国際社会で平和国家として繁栄して行く為にこの個人と社会全体の調和、そして国の安全確保に国民的コンセンサスを得ることこそ二十一世紀の日本の繁栄にとって不可欠の条件であろうと思う次第でございます。

本日は長時間ご静聴いただき誠にありがとうございました。

あなたは大東亜戦争を知っていますか

ここにもう一つ、中村五郎さんが講演されたときに使ったレジュメがあります。所々に手書きのメモがあり、中村さんの思いの一端を知ることができますので紹介します。タイトルは「近世五〇〇年、侵略の世界史と大東亜戦争」―日本の二十一世紀を担う子供たちのために―平成十六年一月二十九日の講演です。

一、「大東亜戦争」とは、何だったのか。―その原因と意義―

日本政府発表の正式名称はアジアの独立、解放をめざした「大東亜戦争」である。
「太平洋戦争」＝「Pacific War」は占領軍が戦後、強制した名称。
近世五〇〇年間に亘る西欧列強の世界侵略の史実。
アメリカの極東戦略と日本の孤立化へ抗日、反日の煽動。
ソ連の中国大陸共産化政策、排日、侮日策略。
米英中蘭による「ABCD包囲網」で日本封じ込め。
亜米利加による対日経済封鎖と石油等全面禁輸。
大東亜戦争に前後して、アジア、アフリカ諸国が独立し、国連加盟。

メモ
あなたは大東亜戦争を知っていますか。
「祖国を守り、アジアの同胞を欧米の植民地から救う」
大東亜宣言　共存共栄の秩序

戦前、戦後に独立したアジア・アフリカ諸国

1943・8　ビルマ
（1948・1　ビルマ完全独立）
1945　インドネシア共和国
1945・9　ベトナム民主主義共和国
1946　フィリピン共和国
1950・1　インド共和国
1956・2　パキスタン
1960・12　南ベトナム解放民族戦線
1963　マレーシア
1965　シンガポール
アフリカ17ヶ国　ラオス、カンボジア

二、日本の敗戦とアメリカの主要対日占領政策

アメリカの対日占領政策の、究極の目的とは。

ＧＨＱの四大教育改革指令、神道指令、修身、歴史、地理教育の停止等。

ＧＨＱホイットニー民政局長が僅か、一週間で日本国憲法を起草し、

日本政府は十日余りで受入れを決定した事実。

メモ

昭和二十年八月三〇日、連合軍最高司令官ダグラス・マッカーサー厚木到着

対日占領政策の基本方針

「日本を再び連合国の平和と安全の脅威とならぬようにする」

三、世界の多数の識者、法学者が批判する「東京裁判」

戦後、日本人の魂を奪い、骨髄を蝕んだ、東京裁判史観＝自虐史観のトラウマ。

「欧米は正義の国であり、日本は不正義の国、侵略国である」と決めつけた。

東京裁判は「歴史の偽造である」である。（インド、パール判事の証言）

東京裁判（「極東国際軍事裁判所」法廷）に関する広汎かつ多岐にわたる問題点。
A級戦犯（国際法無視の報復裁判）、（サンフランシスコ対日平和条約11条）
日本政府がいわゆる「戦犯者」を犯罪人と認めたことは一度もない。

メモ

誇りと自信と魂を奪われた日本人
国際法無視の不公正裁判
戦勝国の連合国側が裁判官、日本側の反論、弁護はすべて棄却された。
国際法で定める戦争犯罪、民間人の殺傷、捕虜虐待、違反
アメリカは日本本土の66都市を無差別爆撃して
　40万人の非戦闘員を殺戮した。　↓国際法違反
広島、長崎への原爆投下　　　　　↓非人道行為
ソ連　57万人の日本軍捕虜連行、酷寒のシベリアで
　強制労働（死者10万人）の非人道行為

主宰者も認めた不当性

マッカーサーの告白　昭和26年（1951年）アメリカ合衆国上院の

軍事外交合同委員会での証言

「東京裁判は間違いだった」

「日本が戦争に向かったのは自衛のためだった」

四、戦争末期、国家に若い生命を捧げ、散華された至高至純の特攻隊の勇士と出撃直前で生き残った私

世界戦史に類例を見ない特攻作戦とテロとの違い。

特攻は作戦行動であり、

テロは一般市民を巻き添えにする無差別自爆行為で論外。

「捷一号作戦」（比島死守、昭19.11～昭20.1）概況。

「天一号作戦」（沖縄防衛、昭20.3.～昭20.6.）概況。

済州島近海で敵艦船突入の下命を受けた、われわれ海州振武特攻隊。

敗戦の日の慟哭と安堵の夜の思い出。

メモ

	比島方面	沖縄方面	合計
海軍	３３３機　約５００名	１０２６機　１９９７名	１３５９機　約２４９２名
陸軍	２０２機　２５１名	８８６機　１０２１名	１０８８機　１２７２名
合計	５３５機　約７５１名	１９１２機　３０１８名	２４４７機　約３３６９名

五、二十一世紀、国際社会で日本の座標軸と憲法、教育基本法の改正について

経済、外交、産業、金融、教育、財政、あらゆる面での行詰り。
対症療法的施策より、国家戦略のビジョン確立が先決。
愛国心、公共の利益、個と全体との調和が必要。
独立と恒久平和の堅持、国際社会で名誉ある地位を維持し得る。
日本の座標軸（アイデンティティ）の確立を。

メモ
自虐史観からの脱却を！

自信と誇りと勇気を！

中村五郎、講演などに使用した主な参考資料
清水馨八郎（千葉大学名誉教授）『侵略の歴史』（祥伝社発行）
佐藤和男（青山学院大学名誉教授）『世界が裁く東京裁判』
（編集・発行　終戦五十周年国民委員会　会長　加瀬俊一）
小田村四郎（前拓殖大学総長）『大東亜戦争とアジアの独立』（明成社）

平成二十五年は大東亜会議から七十周年

平成二十五（二〇一三）年は、昭和十八（一九四三）年に開催された大東亜会議からちょうど七十周年にあたります。

米英など連合国の大西洋憲章に対抗して、日本の戦争目的を討議するとして、日本の呼びかけで東京の国会議事堂で二日間にわたって開かれました。

参加者は日本（東条英樹首相）、中国（汪兆銘行政委員長）、タイ（ワンワイタヤコン首相代理）、満州国（張景恵国家総理）、ビルマ（バー・モウ首班）、フィリピン（ラウレル大統領）、インド（チャンドラー・ボース自由インド仮政府代表）の七ヵ国の代表でした。

すでにこの年はガダルカナルからの撤退、五月にはアッツ島守備隊玉砕があって戦況は悪化していました。バー・モウはサイゴン、台湾経由で日本にやってきたのですが、途中サイゴンを出たところで搭乗機が墜落、危うく一命を取り留めています。しかし、アジアの代表は危険を乗り越えて東京に集まり話し合ったのです。

インドネシアはこの段階で独立していなかったため参加していませんが、会議のあとスカルノとハッタが東京に招かれて昭和天皇に拝謁《はいえつ》しています。

ベトナム、ラオス、カンボジアは独立が終戦直前だったため参加していません。

その会議について、大東亜戦争中に独立を果たしたビルマ（現ミャンマー）の初代首相だったバー・モウはこう述べています。

「アジアの独立した諸国代表が、史上初めて一堂に会する機会を持った。それは一九四三年十一月五、六日の両日、東京で聞かれた大東亜会議（THE ASSEMBLY OF GREATER EAST -ASIATIC NATIONS）である。事実これは歴史を創造した」（『ビルマ

の夜明け』太陽出版）

大東亜を米英の桎梏《しっこく》より解放する

この会議で打ち出されたのが大東亜共同宣言です。

大東亜戦争の原因を「他国家他民族を抑圧し特に大東亜に対しては飽くなき侵略搾取」にあるとして、大東亜戦争を戦い抜き「大東亜を米英の桎梏《しっこく》より解放してその自存自衛を全うし」としています。

そして、「道義に基づく共存共栄の秩序を建設」「自主独立を尊重し親和を確立する」「人種差別を撤廃し、文化を交流し資源を解放し、世界の進運に貢献する」など五つの目標を掲げています。

ここからもわかるように、日本が戦ったのは大東亜戦争であり、太平洋戦争ではないのです。

ちなみに大東亜共同宣言に謳われた「人種差別の撤廃」こそ日本が明治の開国以来、

求め続けてきたものです。

第一次大戦後、国際連盟を創設したときに、日本は列強に強く「人種差別の撤廃」を求めました。しかし拒否されてしまいました。

白人国家は、人種差別をなくしてしまえば世界を我が物とする野望が消えてしまうからです。

その白人国家を相手に戦った大東亜戦争で日本は敗れましたが、大東亜会議にも出席していたバー・モウは、次のように述べています。

「歴史的にこれを見るならば、日本ほどアジアを白人の支配から離脱させることに貢献した国はない。しかし、また、その解放を助けたり、あるいは多くの事柄に対して範を示してやったりした諸国民そのものから日本ほど誤解を受けている国はない」

(『ビルマの夜明け』)

日本の立場に深い共感を示しています。

米英の大西洋憲章と現実

では英米の戦争目的を記した大西洋憲章とは、どんな内容なのでしょうか。「領土の拡大を求めず」「すべての国民は自らの手で政府の形態を選ぶ権利を有する」「主権及び自治を強奪されたものに、再びそれらが回復されることを希望」などと謳われています。中身を見れば、そんなに悪い気はしません。

ところが実態は大きく違っています。

ソ連は戦争で領土を拡大し、イギリスは戦後、インドの植民地を継続しようとしてチャンドラー・ボースが率いたインド国民軍（ＩＮＡ）の幹部を軍事裁判にかけました。またマレーやシンガポールでも植民地を維持しようとして戦いました。さらにインドネシアではオランダを支援して武力行使をしています。

フランスはベトナム、ラオス、カンボジアに兵士を派遣しています。こう見てみると、いったい大東亜共同宣言と大西洋憲章とどちらが正しいものだったか、誰の目からでもわかります。

これが世界の現実ということです。

この点に関して戦後、ＧＨＱの下で働き労働基本法の策定に携わった米国の日本専門家のヘレン・ミアーズ女史は『アメリカの鏡・日本』（角川書店）で、「歴史的にみてアジアの民衆を『奴隷にしていた』のは日本ではなく私たちが同盟を結ぶヨーロッパの民主主義諸国である」と明確に断じています。

また、「日本は現地住民に独立を約束した。それだけでなく独立を保障した具体的行動を進めている。一九三五年にはすでに満州での治外法権を放棄していたし、一九四〇年には中国に正式に約束し、一九四三年には中国政府に租借地を返還している。大戦中日本は、実際に、占領したすべての地域に現地『独立』政府を承認していった」として、米英の戦争目的に疑問を呈し、「私たちが『解放』戦争と呼んでいたものは、実はヨーロッパによるアジアの再征服（恥ずかしいことにアメリカが手を貸した）だったのである」と述べています。

私がこうした歴史を踏まえて言いたいのは、「日本だけが侵略国などと言われる筋合いはない」ということです。

むしろ日本の戦いに誇りを持ってもいいはずのものなのです。

それを侵略戦争と決めつけ、一方的に謝罪する「村山談話」なるものは、祖先への冒瀆《ぼうとく》であり、現代を生きる私達や子孫への犯罪であるということなのです。

こうしたことからも戦後の間違った歴史を見直し、正しい歴史観、国家観を持つことが、誇りある日本、誇りある日本人を取り戻すことになると、お分りいただけると思います。

第三章　ウソの歴史を教えたＧＨＱの占領政策

白人国家による全世界植民地化計画

第二次大戦（大東亜戦争）までの二〇〇年、三〇〇年は白人国家が有色人種の国家を次から次に植民地にしていた時代です。

第二次大戦がはじまる前の時点で、有色人種の独立国は三つしかありませんでした。日本とタイとエチオピアです。

タイはイギリスとフランスの植民地の緩衝地帯として意図的に残された側面があり、自力で独立を保っていたのは日本だけです。

日本がもし白人国家の植民地になってしまえば、白人国家による全世界植民地化計画が完成していたのです。いったんそうなってしまうと、抵抗のすべを奪われるため何百年植民地の状態が続くか分かりません。

最後の最後に日本が立ち上がって戦ったわけです。しかし残念ながら戦争で日本が負け、多くの人が亡くなり、国土が焼け野が原になり散々な目に遭いましたが、日本が戦った結果としていま人種平等の世界になっているのです。

これは私が言っているのではなく、アメリカやヨーロッパの歴史学者が言っていることです。「第二次大戦における日本の戦いが白人国家の植民地主義に終止符を打った」とアメリカやヨーロッパの歴史学者が言っているのです。

ところが、日本ではその逆を教えています。我々は世界史の中で日本が人種平等の世界をつくるために果たした積極的、肯定的な役割をもっと前向きに評価していいと思います。

有色人種は家畜同然の扱い

植民地になった有色人種の国がどのような生活をしていたのか。牛馬同然で、そのようなことを書いた本は日本にたくさんありました。しかし、これらの本は焚書ということで敗戦後日本を占領していたアメリカの方針で焼かれてしまい、何百万冊か分かりませんが、七千種類の図書が燃やされてしまいました。

どんな本が燃やされたか、燃やされなかった本についても全部リストになっています。

白人国家が何をやっていたかについては、亡くなった京都大学名誉教授の会田雄次さんが『アーロン収容所』（中公新書）の中で書いています。

会田さんは敗戦後二年間ビルマ戦線で捕虜として生活していましたが、あるときイギリス軍から捕虜として作業を命じられ、日本人の兵隊数名と一緒にモップを持って隊舎に入りました。

素っ裸のまま髪を梳っていた若いご婦人が一瞥《いちべつ》しただけで、再び鏡の方を向いて裸のまま髪をとかし始めたそうです。

ガラス一枚越しで日本の兵隊は床を磨きましたが、会田さんはなぜあんなことができるのだろうと書いています。

あれがもし、日本人ではなく白人男性であれば、彼女は金切り声をあげて叫んだのではないだろうかと。イヌやネコに裸を見られても女性は恥ずかしさを感じません。

第二次大戦前の世界では、白人国家の人たちは有色人種の国民に対して極めて家畜に近い存在であるという認識、感情がありました。

だから、そんなことが平気でできたわけです。

少なくとも、人種平等ということが建前にせよ、みんな認めることになったのは日本が戦った結果なのです。

日本が世界史の中で役割を果たしたことを世界の歴史家が評価しているにもかかわらず、戦後の日本人の評価は逆行してきたわけです。

これはアメリカ発の歴史観であり、アメリカは日本を占領している間、一方的にアメリカ発の歴史観を強制しました。

繰り返しますが、歴史は戦勝国が作ります。戦勝国の歴史観を、負けた日本が一時強制されたわけです。独立したらどこかの時点で我々の誇りある歴史を取り戻さなければ、国家は衰退するしかありません。

「正義の国アメリカ」対「極悪非道の日本」

どこの国でも歴史を教えるわけで、自国は正義で立派だという教え方ですが、日本だけが自国が悪者だと教えています。

これはアメリカが占領下で戦後日本の歴史教育の方向性を決めたわけです。

アメリカは真珠湾攻撃の日に合わせて昭和二十年十二月八日から十日間にわたって、地方紙も含めた全国の新聞にアメリカから一方的に見た『太平洋戦争の歴史』を連載しました（大東亜戦争という呼称は占領軍によって使用禁止となりました）。

これを翌年一冊の本に製本し、十万部作りました。各都道府県に二千部ずついく計算で、その内容に沿って歴史教育を行うよう指示しました。

「正義の国・民主主義国家のアメリカ」に対し「極悪非道の日本」という構図の歴史です。これで戦後の歴史教育が始まり、いまだ抜け出していません。

アメリカは日本が二度と立ち向かってくることがないよう、徹底的に日本弱体化工作をやりました。

新聞、雑誌の発行やラジオの放送について事前に原稿をチェックする検閲を行い、それに関して三十数項目のガイドラインがありました。

簡単に言うと、アメリカや連合国の悪口を言ってはダメ、日本の国を褒めてはダメという内容です。

五千人の日本人を雇って徹底的に検閲が行われました。当時は仕事がないので、大学を出て英語を話せるような階級がアルバイトでアメリカに協力しました。

戦争が終わって食うや食わずの中で、やはり日本は悪いことばかりやってきたから戦争に負けたというように洗脳されていくわけです。

このアルバイトの人たちには当時の三井、三菱銀行の頭取を上回る給料が払われました。その金は命令によって日本の税金から出されました。「高い給料を払うからちゃんとやれ。そうでないとくびにする」ということで、実際にくびになった人もいました。

結局、生活のためにアメリカになびかざるを得ない状況で、徹底的に検閲をやらせたのです。

公職追放で左翼思想が拡大

ラジオ放送も『真相の玉手箱』（日本軍が残虐行為をしたというウソの歴史）など

を流しました。焚書も行われました。白人国家の植民地における悪行の数々を書いた本、日本の朝鮮半島、満州、台湾などにおける善政について書いた本は全部燃やされてしまいました。また公職追放が昭和二十一、二十二年に大々的に行われました。全国で二十万五千人ほど、政治家や役人、元軍人、学校の先生、大学教授、財界の指導者、女性でも愛国婦人会の長などが次から次と追放されました。

アメリカ占領軍は、共産党員などを雇って、これらの人たちをリストアップさせたため、まともな人がみんな追放されてしまいました。

これだけ多くの人が追放されると穴埋めが必要ですが、穴埋めのために戻ってきた人たちの中に戦前追放されていた左翼が多く含まれていました。このとき大学の学長や総長にアメリカは意図的に左翼を充てています。これが戦後の日本の傷を深くしたのです。

東大総長南原繁さん、そのあと矢内原忠雄さん、京都大学総長瀧川幸辰さんなどが就任し、左翼の弟子を大勢連れてそれぞれの大学に行き、日本ぶち壊しの左翼教育を行いました。その他の大学でもほぼ同じようなことが行われたのです。

昔の大学は将来の国家や社会のリーダーを育てるための教育を行い、カリキュラムの三分の一は学部にかかわらずリーダー教育でした。

受験競争がないように、旧制高校と帝国大学の定員は一緒でした。旧制高校に入った時点で受験勉強は必要なく、いわゆる人間教育が行われました。

これが、六三三四制に直されて、現在では、大学に入るまで、とにかく受験勉強をしなければならない状態になっているため、とても人間教育などやる余裕がありません。

日本が国家の将来のために長年掛けて造り上げてきた教育システムが、こうしてどんどん壊されたのです。

いま、六三三四制も見直さなければなりませんし、戦後占領下でつくられた法律、ここ二十年の間につくられた法律をみんな廃止したら、日本は強くなるかもしれません。

ともかく日本は、敗戦国として占領され、マッカーサーが設置した「東京裁判」で裁かれ、日本の戦争は侵略戦争、日本は侵略国家だと決めつけられたのです。

そしてA級戦犯と言われる人たち七人が死刑になりました。さらに中国、フィリピンなどアジアに設置された軍事裁判所で、ＢＣ級戦犯と言われる人たちが、きちんとした証拠調べもないまま裁かれ、千人以上が命を奪われました。

そして日本が降伏した昭和二十（一九四五）年八月十五日から昭和二十七年（一九五二）四月二十七日までの占領下に憲法、教育基本法を始めとした戦後体制は形作られたのです。

国家は悪という教えがそのまま継続されている

国民を守るのが国家の使命です。ところが共産主義は、国家が国民をいじめると教えてきました。軍隊も警察もみんな悪で、権力は悪だと教えてきたのです。

自分は善で国家、権力は悪ですので、自分と国家との間で共同体意識が生まれようがありません。

そうなれば、もちろん国家を守るという意識はなくなります。

日本に住み、日本人であっても、そういう人は日本国民ではなくなっています。

それでどうなるかというと、自分さえ助かればいいという考えに陥ります。人間は基本的に利己的であり、道徳などを教えられてはじめて、人のことを考えるようになります。何も教えなかったら動物と同じです。教育によって人のことも考え、人間らしく生きることができるようになります。

戦後は、一度だけの人生だから人のことではなく、自分の人生を生きなければなりませんなどと教えるわけです。それは道徳的基盤があって、その中で自分の人生を実現するために頑張れと教えるべきですが、そのベースがまったくないのです。

人間は一人だけで生きているのではありません。共同体の中で生きているのです。一個の人間として生きるのは当然として、それにプラスして個と個を繋ぐ意識がなければ、人への思いやりもなく共同体も築けません。

人を思いやる気持ちがあって初めて人間らしい人間、即ち大人に成長するのです。そこに正常な共同体が生まれ、正常な国家意識が育つのです。

家族で言うなら絆、会社で言うなら帰属意識、国で言うなら国家意識や国民としての誇りです。それらを持って生きる人こそ、国民と呼べるし、人間らしい人間、日本人らしい日本人と言えるのです。

占領軍は日本の大家族制を壊す狙いで二DK住宅を沢山作りました。また全国津々浦々まで公民館を作りました。それは日本人を神社と切り離す、神社でやっていた集会をやらせないようにするためです。

気がつかない間に地域共同体がどんどん壊され、精神的な面でも3S（スリーエス）政策が取り入れられました。

スポーツを奨励するのはいいことですが、使命感などの教育が同時になされることが必要です。スポーツは必勝の信念だけが求められ、ルールの中で勝つことが目的になります。使命感や倫理観を教えずにスポーツを奨励すれば、人間はだんだんダメになって行きます。

次にスクリーンで、反日映画を作って、アメリカは素晴らしい国、日本は遅れている国だという映画を、繰り返し日本人に見せました。

最後がセックスで、街角で男女が抱き合い、キスをするということでだんだんモラルが崩れました。

こういう形で日本的なものがどんどん崩されてきました。

本来なら、戦後、主権を回復した時点（昭和二十七年四月二十八日）で、憲法や教育基本法を直す必要がありました。

それをせずに来てしまった。それが日本の戦後なのです。

勝者が押し付けた憲法前文の非現実性

例えば日本国憲法、「日本は戦争をしかけた悪い国です。二度と戦争ができないように憲法で決めました。こんな素晴らしい憲法はありません」という理由づけでGHQから日本国憲法が与えられました。負けた国は何も言うなと実際は押しつけられたのです。

これを真《ま》に受けている人々は「憲法があるから日本の平和は守られてきた」ということで、日本国憲法を平和憲法と呼ぶのです。

世界の現実から言えば、これほどバカなことはありません。

自分の国を自分で守ることもできない憲法は、「憲法守って国破る」です。尖閣問題は、それを暗示していると言えます。

憲法の精神である憲法前文には、「平和を愛する諸国民の公正と信義に信頼して、われらの安全と生存を保持しようと決意した」と書かれています。これは、外国はみんないい国で日本だけが悪い国、日本が悪さをしなければ世界の平和が永遠に続く、日本は悪い国だということが基本になっているのです。

だから日教組も非常にまじめに、憲法に忠実に、日本は悪い国だと教えるわけです。これではろくな人間が出来上がりません。

出来上がったのが鳩山由紀夫や菅直人などの欠陥製品で、彼らによって民主党政権ができたのは、日本がずっと左傾化してきた結果です。そして、民主党政権になって国民も初めて気がついたのです。

自民党もダメだったが、民主党にやらせてみたらもっとダメだったと。そして安倍政権が誕生したのです。

左翼陣営の切り札は「個」の思想

戦後の日本というのは、現実を見ないで理屈を立てて来ました。理屈は一点の非の打ちどころもないとして、現実が理屈通りにならないと理屈が正しくて現実が間違っているという話になる。ここがおかしいのです。

まさにそれこそが左翼思想の切り札です。

では、その左翼思想の本質とは何かです。

左翼の最も特徴的な考え方は、個の思想（個の尊重）ということです。この個の思想で保守が負け続けてきました。

個の思想は、物事を単純化して考えますので、全体を考える思想（保守）とはもともと議論は噛み合いません。噛み合わないのに左翼陣営は、反対出来ない言葉を上手に使って保守陣営を攻撃してきます。

例えば、自衛隊は軍隊である、軍隊は戦争をする、戦争は人を殺すのが仕事、だから戦争はいけない、軍隊もいけない、よって自衛隊はいらないという言い方です。

お分かりでしょうか。この考えには、国全体のこと、国防のことが何も無いのです。「人を殺していいのか」と問われて「いいです」と言う人はまずいません。要は反対出来ない言葉で左翼陣営は迫ってくるのです。

でも世界を見たら分かるように、今もって戦争は絶えません。そういう国際状況の中で、日本が戦争に巻き込まれないように国を守る必要があるわけです。

その役割を担っているのが自衛隊ということです。でも現実の自衛隊では、実際の運営上不都合な点があるので、国防軍にするというのが安倍首相の提言です。

自衛隊を国防軍にし、外国から見て日本はきちんと国防をしている。攻めても勝ち目はないと思われるような体制を整えておくのが国防整備であり、国家の使命です。

そしてそれを可能にするためには国民もまたその意識を持たなければなりません。国家意識を国民が持つということです。

国民意識なく個の思想にかぶれている人は、国のことを考えません。これでは国防はもちろん、まともな社会すら実現できません。共同体意識がないからです。

個の思想は破壊の思想であり、建設的ではありません。国に限らず組織、集団というのは、共同体意識、国家意識があってこそ成り立ちます。バラバラに動いてうまくいくはずがありません。

第四章　世界の現実に目を向けよう

国際社会は無政府状態が現実

日本人の感覚で抜けているのが、国際社会に対する認識です。

例えば日本の中で悪いことをすれば、警察や検察がでてきて逮捕や取り調べ、罰を与えたり未然防止の働きをしたりします。だから力ある大の男と弱き女性が戦うことができます。

ところが世界の中で国家が悪いことをしても、国際社会は基本的に無政府状態であり、取り締まるものがありません。

結局、力の強い国の主張が通るのが国際社会です。

その中にあっては、ある程度自分の国を守る力を備えないと、発言を担保することもできないし、自分たちが貯めたお金も持っていかれてしまう。

これが国際社会だと思います。

日本人は、こういう国際社会が「無政府状態」であることをあまり意識していません。戦後日本は、国際社会を国内と同じように見てきました。

先ほど申し上げた憲法前文に、無政府状態の国際社会にすべてゆだねると書いてあるわけですから、初めからこの前文はおかしいわけです。

国際社会は無政府状態で悪い奴がいっぱいいるし、国家は基本的に利己的です。利益にならないことはやりません。

ところが、日本人は無政府状態の国際社会に期待をするし、戦後はアメリカに守ってもらったため、アメリカは絶対に正義を守る、筋を通すと思い込んでいます。しかし、そんなことはありません。

アメリカはアメリカのためにしか動きません。

ここは重要なところです。

尖閣で日中間の紛争が起こると、アメリカは前のパネッタ国防長官、クリントン国務長官も中国はやり過ぎだと指摘します。こういう発言で日本人は喜びますが、これはアメリカが筋を通しているわけではなく、アメリカの利益のために発言していると理解すべきです。

アメリカがいま何を狙っているかというと、日本をＴＰＰに加盟させることです。

日本は中国や、韓国、ロシアなどと問題を抱え、八方ふさがりの状態です。その日本に対しアメリカは、「日本のことを本当に考えてくれるね」「多少不利になってもTPPに加盟するか」と思わせるために、発言しているとみるべきだと思います。

それはいままでのアメリカのやり方でわかります。口では人権や道徳を説きながら、やっていることは中国と変わりません。これは、別に私が言っているわけではなく、アメリカの国際政治学者もみんなそう言っています。これはアメリカが悪いというわけではなく、これが世界の常識だということです。

こうした中で、日本の総理大臣だけが「日本列島は日本国民だけのものではない」などと言いました。日本列島を中国にくれてやると言っているようなものです。それを言うなら鳩山さんはまず「音羽御殿は鳩山家だけのものではない」と言ってからにして欲しいと思います。

アメリカの圧力に負け言いなりになってきた日本

アメリカはTPPで完全に日本から収奪する態勢を狙っていると思います。

この二十年の歴史をみればわかるように、日米構造協議、年次改革要望書などでアメリカは次々に日本にいろいろな要求をしており、日本はアメリカの要求を受けて、日本のやり方を変えて来ました。

一方、日本もアメリカに要求はしていますが、アメリカ自身は全く変わっていません。日本だけがアメリカの要求に一〇〇点満点の回答を返そうとして努力をしてきたのです。

アメリカの要求があって二、三年すると、それらが日本において法律になるということが二十年間続き、会社は株主のものになり、労働者派遣法、談合禁止などすべてがアメリカの言いなりになってきたような気がします。

日本は、グローバルスタンダードに合わせないとだめだという強迫観念に取りつかれ、伝統的にやってきたことをぶち壊してしまいました。これが小泉総理、竹中大臣などが進めた「改革、改革」の正体です。政治も、経済も、金融も、雇用もガタガタになってしまいました。

この二十年の改革で、本当によくなったねということが何か一つくらいあるでしょうか。何にもありませんし、すべて悪くなっています。

日本政府が先頭に立ってアメリカの圧力で、世界最強と言われたシステムをぶち壊してきたのがこの二十年です。

世界の経済戦争に負けるのは当然で、この二十年の間、世界の先進諸国の中でGDPが伸びていないのは日本だけです。世界のGDPは、この二十年で二倍になっているのに我が国だけがGDPが減少しているのです。もし日本のGDPが二倍になっていれば、我が国のGDPは一千兆円を越えていたのです。国を守る防衛費が現在四兆六千億円ほどですが、これがGDPの一パーセントだとしても、十兆円を超えていたのです。

毎年十兆円の防衛費を使えば、今頃、尖閣諸島で中国に脅かされることもなかったでしょう。

GDPを緩やかに伸ばし続けるのは、政治の最低限の責任です。

私は日本には保守主義の思想が欠けていたと思っています。保守主義とは、長年続いてきた伝統や文化にそれなりの敬意を表することだと思っています。

構造改革というのは、市場原理主義とか、民で出来るものは民でとかいう考え方があるとき出てきて、その考え方に合わないものは、全て壊してその考え方に合わせるというものです。

しかし人間はそれほど賢くはなく、ある時正しいと考えたことが、十年、二十年経ったときには間違いであったということがよくあるのです。この二十年の我が国の歴史が、それを証明しています。

思うに、日本には中国派の政治家が多く、これに対し保守派と言われる政治かもいますが、その多くはアメリカ派なのです。アメリカの言っていることが常に正しいと思っている人たちです。

日本には日本派の政治家が少ないのです。

日米の国益は一致するはずがなく、アメリカの言う通りにしていては、日本は損をするばかりです。よその国を見れば、アメリカの政治家はみんなアメリカ派、イギリスはイギリス派、フランスはフランス派なのです。

日本だけ、日本派の政治家が少なく、中国派とアメリカ派が勢力争いをしているというのが日本の政治の現実だと思います。

国家が立ち直るのは必ず積極財政

いま安倍首相が経済成長率二％と言っていますが、この目標が達成できるならば、失業率が一％以下になり、ほぼ一〇〇％就職が実現します。これが成長率三％、五％となると忙しくて残業ばかりになって困ってしまいます。九時から五時まで働いて夜に一杯飲んで、土日は休んでというのがちょうど二％なのです。日本の五十年間のフィリップス曲線がそれを示しています。

さて日本はこの二十年間、緊縮財政で国を立て直そうということで頑張ってきました。しかし、緊縮財政で国家が立ち直ったという事例は一つもなく、国家が立ち直るのは必ず積極財政によるものです。

借金が増えても景気が良くなれば税収が増え、財政は勝手に立ち直ります。日本は人類が一度も成功したことがない手法によって国を建てなおしてみせるということで、アメリカに言われて小泉構造改革をやってきました。

見事にだまされたわけですが、戦後の日本はずっとインフレでした。インフレの時小さい政府が好ましく、民でやれることは民でやるという考え方がベースになります。

しかし、今はデフレであり、民が全然動きません。

デフレの時に公務員を減らし、公務員の給料を減らしていますが、経済政策としては間違っています。

国ができるだけ金を使ってやることが必要で、無駄な仕事を作るくらいの発想でないとデフレを脱却できません。そういう意味では、現在福島などで行われている放射能の除染は、科学的には意味がありませんが、デフレ対策としてなら効果があります。

昭和恐慌でも濱口雄幸総理大臣、井上準之助大蔵大臣が、金の保有量以上は紙幣を印刷しないという金本位制、緊縮財政によって国を建てなおそうとしました。

それが散々な結果となり、犬養毅総理大臣、高橋是清大蔵大臣の時に金本位制をやめ、積極財政に転換して建てなおしに成功しました。

江戸時代の天保の改革、享保の改革などの時も生活は最低でした。

ISD条項という治外法権条項で締結国を縛る戦略

二十世紀以降アメリカは、大体四十年スパンで行動しているように思います。オレンジ計画というのを作り、日露戦争から四十年で日本を軍事力でつぶし、次の四十年でロシアを軍拡競争で政治的につぶしました。

そして冷戦終結後の一九九一年には次の経済的な敵は日本とドイツだということになり、次の四十年で日本はアメリカの経済支配下に入るかもしれません。

この二十年でものの見事に日本は経済的に弱体化されており、このままではあと二十年で完全にアメリカの支配下に入ってしまうと考えられます。

TPPでアメリカは輸出を増やそうという考えですが、日本以外に輸出を増やす相手は考えられません。日米で参加国の九〇％以上のGDPを持つわけですから、他の国へのアメリカの輸出は増えません。

日本がターゲットであることは間違いありません。

アメリカが国際社会のためにあんなに熱心にTPPを推進するわけがなく、アメリカ自身のメリットのためです。

中国封じ込めのためというのは、日本人をだますためのアメリカの言い分でしょう。何も中国をTPPで封じ込める必要はないと思います。今後も中華経済圏が発展し続け、世界を席巻するようなことはないと考えるからです。

いま学校を出ても二人に一人しか就職できないような日本です。そこに今度は外国人に日本で弁護士や会計士、医師などで就職できる機会を与えることになれば日本人はますます就職できなくなります。東南アジアの安い労働力もどっと入ってくるのです。日本人がまともに就職できないときに、この日本で外国人に日本人と同等の就職の機会を与えることが正しい政策なのでしょうか。

なぜそんなことをやる必要があるのでしょうか。関税自主権を捨てて得られるもっと大きい利益があるわけがありません。国策を捨てるということです。

アメリカはＩＳＤ条項という治外法権条項で縛ろうという戦略です。アメリカの会社が日本政府の法律や政策で損をした場合には日本政府を訴えることができます。訴えた裁判は世界銀行の下にある仲裁センターで、結論だけが出される一審制の秘密裁判で行われます。

北米自由貿易協定の中でカナダとメキシコは、アメリカ企業から賠償金をとられています。カナダの企業は産業廃棄物の処理をアメリカに輸出してアメリカの企業で処理していましたが、カナダ国内で産業廃棄物の処理をすると言い出したら、俺たちの商売はあがったりだということで米国企業から訴えられ、賠償金をとられました。

裁判をやると、必ずアメリカ側が勝つのです。アメリカが負けているケースもあると言う人もいますが、それはアメリカの会社が訴えたが賠償金をとれなかったことを負けたと表現しているのです。よその国がアメリカ政府を訴えて賠償金をとったというケースはありません。

日本はすでに二十三カ国とＩＳＤ条項を結んでいますが、これは主として発展途上国との間に結んでいます。発展途上国は政情が不安定だから、政権が代わっても前の政権が約束したことを守ってくださいねという意味があります。

日本は訴える側としてのＩＳＤ条項を結んでいるのですが、今度は訴えられる側になるわけです。

ＴＰＰではまた十年以内に非関税障壁も撤廃するということになっていますので、賞味期限の表示義務や、遺伝子組み換え植物使用の表示義務なども止めろといわれる可能性が高いのです。日本で銃が売れないのは銃刀法があるからだ、無くせと言われる恐れすらあるのです。このように国策の自由を大幅に失う可能性があり、日本にとっての具体的な利益があまりない条約に参加することには私は反対です。

保守派と言われる人でもＴＰＰ参加に賛成の人がいますが、「いま日本がＴＰＰに参加しないと何が困りますか」という質問に、私が納得できる回答をしてくれた人はいません。中国包囲網だとか、あとから参加すると日本の意見が通らないとか、抽象的な意見ばかりです。これらの人はアメリカが参加してくれと言っているからという対米配慮が最大の理由のように思えるのです。しかしその代償はあまりにも大き過ぎます。

私たちの先人が、血と汗と涙で取り戻した関税自主権、国策の自由を手放してまで得られるより大きな利益とは何なのでしょうか。

核武装なども正面から訴えるチャンス

三菱自動車のセクハラ事案や東芝のココム違反などは、後で冷静に見ればほとんど問題がないものだったそうです。しかしそのときの裁判では日本は必ず賠償金をとられています。日本人は、裁判は正義と真実を追求するものだと思っていますが、アメリカにとっては単なるゲームであり、正義も真実も追求されません。

日本は力で負けてしまうのです。

しかしアメリカは経済面で辛い状況にあり、短期間では上下はありますがリーマンショックから立ち直るにはあと十年、十五年かかります。

そこで、日本が協力しましょう、防衛力を増強して補うから、在日米軍を少しずつ撤退させてください、アメリカも少し負担を軽くしてくださいと働きかけるチャンスでもあるのです。独立国は自分の国を自分で守ることが基本ですから、日本がその方向に大きく一歩踏み出すチャンスなのです。

核武装なども正面から訴えることが必要です。「アメリカにとって、アジアでは日本が一番の友人だと言っていますね。日本の周りはロシア、中国、北朝鮮の核武装国があるにもかかわらず、アメリカは一番の友人に、お前だけは核武装するなという。それは道徳的なことなのでしょうか。

一番の友人であれば、お前も核武装しなければ危ないぞというのが正しいのではないですか。日本に核武装するなというのは、アメリカのためであって日本のためではないですよね」と迫ってもいいと思います。

その論法が通じやすいタイミングではあると思います。

一〇〇兆円増刷しても日本はインフレにならない

アメリカはドル紙幣がリーマンショックの時は九千億ドル分だったのがいまは約三兆ドルまで増えています。三・三倍に増えているのです。これ以上印刷するとインフレになってしまう限界に来ています。なかなか景気回復が難しいのです。

これに対して日本の円は八三兆円で、デフレなので五〇兆円、一〇〇兆円印刷することができます。経済的余裕は日本が圧倒的に有しているのです。

我が国は一〇〇〇兆円の借金があると言われますが、一〇〇〇兆円の借金のうち二〇〇兆円の地方債は地方の銀行が返済計画を作って貸している金です。また三〇〇兆円の建設国債は六十年償還で、道路、橋、鉄道などを造る経費ですから、我々の世代だけで返す必要はありません。

これもきちんと返済計画が作られています。返済計画が作られている借金は心配する借金ではなく、どこの国でも普通にあります。これを省いた残りの借金は二〇一一年度で三九一兆円しかなく、これに対して国の資産は六五〇兆円あり、このうち五〇〇兆円は換金が可能です。借金より国の資産が多いのです。また我が国はこれだけではなく民間の個人と企業が二三〇〇兆円というお金を持っています。我が国は世界一の資産国で、日本が潰れるというのであれば、世界中の国はみな潰れます。

ギリシャなどは借金の七割を外国人から借りているためつぶれるのであり、ギリシャはユーロ中央銀行の管内にあり、自らはユーロ紙幣を印刷することができません。これに対して、日本はいくらでも印刷することができるのです。さらに、ギリシャは固定相場制です。日本のような変動相場制の国がつぶれたことは歴史上一度もありません。

日本の借金はお父さんがお母さんから借金しているようなもので、その家がつぶれるかというとつぶれることはありません。隣の家から借りていないからです。いざとなったらお父さんは一万円札を印刷できる権利さえ持っているのです。

日本では赤ちゃんからお年寄りまで一人当たり八〇〇万円の借金があるなどといいますが、これは、政府の借金であり国民の借金ではありません。

国民から見れば資産です。政府がお金を返せないことがあるのか。日本政府は絶対に借金を返せるのです。いざとなったら一万円札を印刷して返せばいいからです。

その時に問題になるのはインフレですが、絶対にインフレにはなりません。九千億ドルが三兆ドルになってもアメリカはインフレにはなっていません。日本は一〇〇兆円程度一万円札を増やしてもインフレになることはありません。経済的に見れば日本は盤石な構造です。

国際社会は戦争があるのが通常状態

日本人の感覚でもう一つ抜けているのがあります。国際社会では戦いがあるのは当たり前で、戦争があるのが通常の状態だということです。それなのに戦後日本は「戦争は悪いこと」であり、日本が清く正しく美しくあれば戦争などは絶対にないと思っています。もう一度言います。日本が清く正しく美しくあれば戦争などは絶対にないと思っているのです。本当でしょうか。現実には国際社会は腹黒いということを前提に安全保障政策を考えることが必要です。

世界では、どこかで戦争が起きています。継続的に起きています。その戦争に日本が巻き込まれることがなかったのは、たまたま運がよかっただけのことです。日本さえ清く正しくあれば戦争が起きないというのは、間違った考えです。しかし、この考えが政治思想にまで入ってしまい、日本の外交、防衛がおかしくなってきたのです。

自民党政権が戦うことを忘れ、国防はアメリカにまかせて経済活動だけやろうとやってきた結果、自民党自体がこの考えに侵されました。

でも、冷戦の終結までは弊害は表面化しませんでした。歴史上類《たぐい》まれな冷戦構造で、日本の平和と経済発展が保障されてきたからです。

しかし、冷戦が終わって状況が変わりました。

経済活動ができるのは、国の安全が保障されるからです。

いま、日本企業は命がけで外国に出ています。何かあった場合に、よその国は軍隊で守りますが、日本にはその覚悟がありませんから守ってくれません。

たとえば、アルジェリアの事件も会社が危険を冒して行っています。よその国はセキュリティマネジャーを付けています。彼らは情報収集専門でテロにやられないかということを調べていますが、それでもやられるのです。

それと比べれば日本は無防備に近いわけです。安全が保障されないと経済活動は難しくなるのです。

武器輸出解禁で日本は自立が可能になる

そうしたことで国防軍構想は非常に重要です。ただそれが正論であっても、持って行き方は慎重に行わなければなりません。評論家のように外側からあるべき姿を言っただけでは、誰でも言えますがあるべき姿は実現できません。

安倍さんは前回と比べて自信にあふれていますが、軍事的に自立できないと国家は自立できません。国家の自立とは軍の自立、すなわち自衛隊の自立のことなのです。

日本は国家政策が自立しているかとなると、アメリカからもっとも主権を侵されているのではないかと思います。領土に関しては中国、ロシア、韓国がそれぞれ尖閣諸島、北方領土、竹島で問題を起こしていますが、これらの国は日本の政策の自由を侵すことはあまりありません。

しかしアメリカに守ってもらっている日本は、国家政策を決めるに当たって、根回しと称して事前にアメリカの意向を伺うことが多いのです。結果としてアメリカの干渉を日本は積極的に招いていると言えるのです。自分の国を自分で守れなければ、守ってくれるアメリカの言うことを聞かざるを得ないのです。結局それは長期的には日本の国損を増大することになります。我が国は、自民党が昭和三十年の結党時に目指した、自主防衛をもう一度思い起こすべきです。

アメリカにとっては日本の現体制を維持することがアメリカの国益です。アメリカの対日戦略の基本は、日本を軍事的に自立させず、経済支配をするというものです。日本の自主防衛体制を造らせないために、アメリカは北朝鮮のミサイルの脅威を煽って、自衛隊に攻撃力を持たせないようにしています。自衛隊が攻撃力をほとんど持たない中で、ミサイル防衛という防御にこれ以上金を投入すれば、本来持つべき攻撃力に金が回りません。

またアメリカは自衛隊にアメリカ製の戦闘機、護衛艦、ミサイルシステムを使わせようと売り込みに力を入れています。アメリカ製の戦闘機などはアメリカの継続的な技術支援がなければ動きません。

こうして日本の国の守りがアメリカ依存から抜け出られなくなるのです。アメリカはそれに向けて次々に手を打っているのです。

平成二十五年六月、日米韓三国で北朝鮮の核武装を阻止するための局長級会議が開かれました。しかし私はアメリカが、北朝鮮の核武装を阻止できるとは思っていないと思います。アメリカはこの会議で日本の核武装を阻止することを狙っていると思います。北朝鮮の核武装阻止を真剣に議論しながら、我が国の核武装について我が国が主張することは次第に難しくなるからです。

今アメリカの相対的国力低下が予測されている中で、我が国も早急に自主防衛体制の構築に向けて一歩を踏み出す時期に来ています。

そのためには、まず武器輸出解禁が必要だと考えます。アメリカの兵器を使っているのでは、継続的に技術支援を受ける必要があるためアメリカから自立するのは不可能です。

武器輸出を解禁すれば、日本の企業はどんどん作ることができます。作れば自衛隊も使うので、アメリカ製の兵器が日本製に置き換わってきます。

十年、十五年経ったときに日本の戦闘機、日本の護衛艦が出来上がります。それだけの能力は現在の我が国の防衛産業は十分にあり、我が国は国家政策として武器の開発製造能力を維持することが必要です。アメリカの武器ばかり使っていては、やがて我が国の防衛産業はアメリカのロッキードマーチン社などに買収されてしまいます。武器の開発製造には大きな経済効果も期待できます。特にデフレの今、公共事業を拡大するチャンスなのです。

武器を売ることは死の商人などという人もいますが、こうした意識を変革する必要があります。我が国が造った武器を使わせておけば、輸出相手国を外交交渉上、相当支配できるのです。口に出しては言いませんが、お互いの軍はそれが分かります。現に我が国はいま、アメリカから無言の圧力を受けています。言うことを聞かなければ自衛隊の戦闘機やミサイルシステムを作動不能にするぞという圧力です。

アメリカに全面的に頼るのは危険です。アメリカも間違った判断をしますし、イラク戦争も間違いだったのではないかと思います。イラクに一番資金と武器を提供していたのはフランスで、ドビルパン当時外相がイラク戦開戦に最後まで反対しました。

日本では、マスコミも総理大臣も、フランスはたいしたものだ、人道的見地からイラク戦争に反対しているとか能天気なことを言っていましたが、フランスが反対したのは、貸した金が回収できなくなると困るからです。日本人は裏を考えない善良な民族なのです。国際社会は腹黒いのです。

国際政治は富と資源の分捕り合戦

国際政治は富と資源の分捕り合戦であり、第二次大戦までは戦争に訴えてそれらを奪い合ってきました。自分が一億円持っていて、相手が一〇〇万円しか持っていなくても、「五十万円を俺によこせ、お前は五十万円で暮らせ」という時代でした。

今は全く違って、金持ちは恵んであげなければならない国際社会になっており、武力でもって分捕ることは許されません。

しかし方法は違っても富と資源の分捕り合戦は基本的に変わりません。軍事力ではなく情報戦で、嘘、デマ、捏造の情報を流して自分の国に有利な国際システムをつくる、条約を結ぶ。そうしておいて相手国も納得させながら合法的に富や資源を分捕る、これが現在のやり方です。

ＴＰＰやＷＴＯなどもそうですが、提案者は自分の国が儲かることを提唱しているのです。

提案国はみんな公平、平等に競争できるシステムとして提案することは絶対にありません。アメリカがＴＰＰにあれだけ一生懸命になるのは、参加各国が公平に平等な仕組みづくりのために頑張ることなどありえません。

自分の国が儲かるからやるのです。

相手の国にも合意をさせて、合法的に富や資源を分捕るわけです。

利潤をあげても利益はアメリカに行く

米韓ＦＴＡなどもそうで、韓国がどんどん輸出して利益をあげているとの報道がありますが中身をよく見る必要があります。サムスンは韓国ＧＤＰの二二％を占めますが、サムスンの株主は半分以上がアメリカ人です。

サムスンは一生懸命経営を効率化、合理化していままで十人でやっていた仕事を四人でやり、四人の給料を倍にするなどしていますが、それでも人件費は二割浮きます。

超優良企業として利潤をあげても利益はアメリカに行ってしまうのです。

アメリカ人のために韓国人が働かされているようなものです。

これは、会社は株主のものだという株主資本主義です。それにどっぷり漬かっていますが、米韓FTAにはラチェット条項があります。

これはまずいと思っても、韓国は元には戻ることはできません。アメリカは戻ることができますが、アメリカが作ったFTA履行法の一〇二条には条約よりもアメリカの連邦法が優先すると書いています。

アメリカは議会で批准したとしても、FTA履行法はこれに優先するわけです。

アメリカは都合が悪い場合はいつでも修正することができ、批准したとしても法律上部分批准にしかなりません。韓国は騙されており、結局はアメリカ人のために働かされています。

韓国の人たちはちっとも幸せではないと思います。

軍事力は外交交渉を優位に進める大本《おおもと》

情報戦という認識が日本人には欠如しています。

国を守る基本は通常は軍事バランスをとることで、軍事力は富や資源を分捕りにいくものではなく、外交交渉で話し合いを成立させるための大本です。

軍事力が弱いと話し合いに応じてもらえません。前原元外務大臣がモスクワに行って北方領土は日本のものだと言っても無視されておしまいです。

菅直人がテレビカメラの前でメドベージェフ大統領の北方領土訪問を許せない暴挙だと言っても、何も動かないし変わりません。

結局、核武装国ロシアに対して日本は核武装をしていない。通常戦力でも弱く、使う気もないということで見くびられているのです。

軍事力で対等になって「言うことを聞かないとぶんなぐるぞ」となると、お互いに傷つくからということで話し合いの機運が生まれます。

軍事力は戦争をやるためのものではなく、話し合いで物事を解決するための仕掛けなのです。

その意味で、軍事バランスをとらなければならないのです。軍事バランスをとったうえで、情報戦争に勝つ体制をつくらなければなりません。

世界の軍は情報戦の捉え方は共通しますが、四つの側面があります。

軍事バランスを確立し情報戦争に勝つ体制を

第一、情報収集

第一は、情報収集で相手国の情報をとる。これは機械でとる場合と人づてにとる場合があります。衛星やレーダーでとっただけでは意味が分からない情報が多く、人づてに聞いて初めて意味が分かるケースが多いのです。

スパイを使った情報収集は世界各国みんなやっています。日本にもアメリカやイギリス、フランス、ロシア、中国などのスパイがたくさんいます。商社マンや大使館員だったりしますが、彼らはスパイとしての任務も負っています。

第二、防諜体制

第二が防諜体制で、こちらの情報を取らせない体制があります。これは、日本は機密保護法もスパイ防止法もありませんが、他の国はこうした法律があるため外国のスパイが情報をとろうとしても動きが制約されます。

日本は野放しで「いくらでもとってくれ」と言っているようなものです。

それ以前に、日本政府には機密という意識も薄く、それを保護しなければならないという意識が低いのです。戦闘機やミサイルシステムなどを開発する場合に、世界に公言してやります。こんな国は世界で日本だけで、世界の非常識です。

アメリカはもちろん、フランス、ドイツ、イギリスなどは秘密でやるため、どんなミサイルシステムや戦闘機を作っているか、出来上がるまで分かりません。

しかし、日本は秘密でやる体制が取れない。「国際社会の皆さん。日本は絶対に悪いことはしません。これだけしかやっていませんから」と言い訳しながらやっているのです。これほど気を遣って悪い国だと思われたくないのです。自虐史観も極まりというところでしょうか。これでは決して世界の国から尊敬されることはありません。馬鹿だと思われるだけです。

第三、情報の発信・宣伝体制

第三が、情報の発信・宣伝の体制で、自分の国のイメージをよくして国際社会で意見を通りやすくするという取り組みです。

そのいい例が、韓流ドラマの日本での大流行です。別に日本国民が韓流ドラマを求めているわけではなく、韓国が税金を使って日本で宣伝しているわけです。

フジテレビでは毎週平日の二時から三時間びっしり韓流ドラマを流しています。家庭の奥さんが買い物から帰って夕食の準備をするまでの間、みっちり韓流ドラマを見せられるわけです。

朝鮮半島では素晴らしい生活をしていたが、日本に支配されるようになってから食えなくなった。昔は美味しい刺身を食べていたのに、などとやるわけです。

刺身を食べるようになったのは、日本が行ってからなのですが。

成田空港に韓国の俳優が来ると、おばちゃんたちが集まってキャーキャー騒ぎます。それをテレビが放送しますが、日当を払って行かせているという話も聞きます。

これらも情報の発信戦略です。韓国が五、六年前に情報宣伝機関を作ってから韓流ドラマが流行りだしたのです。

日本のテレビ局やマスコミは外国の企業や政府から金をもらえないようにしなければなりません。そうしないと籠絡されますが、日本にはそれを防ぐ法律がありません。テレビ局の株式も放送法で外人が二〇%まで保有できますが、これは迂回すればいくらでも持つことができます。

フジテレビなどは韓国資本の比率が三割近いわけです。

また、電通が広告を一手に支配して配分しますが、マスコミは新聞もテレビも電通に足を向けて寝ることができません。

電通の前の会長の成田豊さんは二十歳まで朝鮮半島で育った人で、韓国政府から何度も表彰されています。当然、韓国政府の意を汲んで動いていたと言われています。

そういうこともあり、韓流ドラマブームが起きているのだと思います。

第四、積極工作・謀略体制

第四が、積極工作・謀略の体制です。外国の大統領や総理大臣を暗殺することまで含みますが、中国での反日デモなどもその一例です。

我々が昨年（平成二十四年）尖閣に上陸した直後に、五〇ヵ所、一〇〇ヵ所で反日デモが起きましたが、これはやらせです。

中国では簡単にデモなどやることができないのですから。デモをやっていいぞということになると、中国人は常に政府に対して不満を持っているので、喜んで集まって騒ぎます。

大勢集まった人の前面に日当を払って五十人、一〇〇人に反日のプラカードを持たせた人間を立たせます。こうすることで、全体を反日デモに見せるわけです。

しかし、時間の経過とともに反日の化粧が剥げてきます。任務をもらった連中は日本食レストランを破壊し、日本車を五台壊すなどという任務を実行します。

中国では反日デモが反政府デモに変わると言いますが、実態は反日の化粧をしているだけの話なのです。中国で一日、二日であんな立派なプラカードが作れるわけがありません。

政府が前もって準備して作らせているのです。

尖閣の領海に船を入れるのも謀略で、テレビや新聞では日本を挑発して戦争を仕掛けようとしている、挑発に乗ってはいけないなどと報じますが、絶対にそんなことはありません。

中国は日本と戦争をする気などありません。

また韓国は、アメリカや西欧諸国に対して対日非難工作のため、国を挙げてロビイストという人たちを活発に活用しています。

本当に原発周辺住民の避難は正しかったのか

原発関係を一つ取り上げます。

原発周辺の避難地域の人たちを、私は早く帰せばいいと考えています。それが菅直人の強制避難で家がダメになってしまっています。

イギリスのNPOであるICRP（国際放射線防護委員会）の基準が年間二〇ミリシーベルト～一〇〇ミリシーベルトの放射能を浴びる可能性がある人は避難させた方がいいとされていますが、ICRPの基準が核保有国の意を汲んだ基準です。放射能の恐怖をあおるための基準であり、これ自体をもっと緩やかにすべきではないかという放射能医学の専門の学者がたくさんいます。

いまの基準でも一〇〇ミリシーベルトまでは避難しなくてもいいわけですが、菅直人は外国人からの政治献金問題で倒れそうだった自分を守るために、一番厳しい二十ミリシーベルトをとったのです。「国民の皆さん、福島が大変です。私を責めている場合ではありません。一緒に頑張りましょう」ということです。真ん中の六十ミリシーベルトを採るだけで、福島県民は一人も避難しなくてよかったのです。これは菅直人による問題のすり替えなのです。

菅直人による強制避難で、多くの人が亡くなりました。原発の放射能で亡くなった人は一人もいないのに、強制避難させられたことによって多くの人が亡くなりました。これは殺人罪のようなものです。菅直人による「平成の強制連行」とでもいうべきものなのです。避難することはなかったのです。

福島原発の事故の後一ヵ月くらいだったと思いますが、フランスで原発が爆発して四人の人が亡くなりました。日本は一人も死んでいないのです。しかしフランス政府は、間もなく安全宣言を行い、日本のように原発のほとんどを止めるというような事態にはなっておりません。

福島原発の事故があっても、アメリカは原発を作ります。ウェスチングハウスを買収した東芝が作ります。

中国や韓国も作りますが、なぜ日本にできないのか。

東京電力の三十代の現場技術者が、将来に見込みが立たないということでどんどん辞めてしまい、アメリカや中国、韓国などに給料を倍出すからということで引き抜かれています。

いま、世界一の現場技術を持つ日本が十年、二十年後には負けそうなのです。

大学の原子力工学部にも優秀な学生が入いって来ないと聞いています。国家の一つの方針はあらゆるところに影響するのです。

いま安倍首相が原発輸出で頑張っていますが、当然のことだと思います。原発はそんなに危ないものではないのに、日本を弱体化したい人たちが、実態をよく見ないまま危険を煽っているだけなのです。日本はすでに五十年間も原発を使っていて、この間、原発運転中の放射能事故で死んだ人は一人もいないのです。

また一旦事故が起きると福島のような大惨事になるという人がいます。しかし福島原発の爆発事故によって大惨事が起きたわけではありません。福島原発周辺では、住民が避難しなければならないような放射能が漏れたわけではないのです。しかしこれをことさらに危険だと言って住民を強制的に避難させ、家をだめにし、家畜や農作物を失わせ、生活を滅茶苦茶にしたのは、菅直人民主党政府だったのです。菅直人は東日本大震災から住民を守らずに、自分の政治生命を守ったのです。

現在東京電力が放射能的に危険な状態を作ったということで、賠償責任を負わされていますが、実は東京電力が放射能的に危険な状態を作り出してはいないのです。これは菅直人政府によって作り出された人災なのです。余談になりますが、当時の東京電力の会長や社長が、どうして命を掛けて、会社を守るために菅政府と戦わなかったのでしょうか。

さて原発が使えなければ電力供給は不十分になり、GDPを回復することが出来ません。日本のデフレは続き、優良会社も次々と外資に乗っ取られるでしょう。米中韓など外国から見れば、世界一の資産国日本のデフレは大歓迎です。放射能騒ぎは外国から仕掛けられている情報戦争の一面もあるのです。

被害復旧作戦　応急復旧と本格復旧

応急復旧は作戦運用部、本格復旧は作成計画部

東日本大震災なども、民主党政権の対応は最悪でした。全体を見ながらいま手を打つべきは何かという感覚がまるでありませんでした。はっきり言えば、あとで自分に責任がこないようなやり方ばかりでした。

航空自衛隊では被害復旧作戦というものがあります。敵に飛行場やレーダー、指揮所を攻撃され、被害を受けたときに、どのように復旧するかということを考えるわけです。その場合には、応急復旧と本格復旧の二段階に分けます。

応急復旧を考えるのは作戦運用部、本格復旧は作成計画部が担当します。

作戦計画部は戦争の開始から終結までの計画を作り、作戦運用部は各基地への戦闘機の配置、ミサイルの移動などなど日々の戦闘指揮を受け持ちます。

応急復旧の担当は作戦運用部で、応急復旧の基本はすぐに元通りに戻せということで、被害を受けた直後から何の命令がなくても動き始めます。

そのため、二時間、三時間という最短の時間で応急復旧が終わるわけです。応急復旧の見込みが立った時点で、本格復旧をどうするかを作戦計画部が検討します。

責任もとらない実行力もない復興構想本部を作っただけ

東日本大震災に対する政府の対応をみると、応急復旧を考えずに本格復旧だけを考えていました。そのため、一ヵ月半も経ってから当時防衛大学校長の五百旗頭さんを長にして復興構想本部を作りました。

エコタウンや安全な街づくりなどの復興構想を考えましたが、そこで生活している人がいます。今後どうなるのかが分からなければみんなその土地を離れてしまい、人が離れると復興できなくなります。

そこで、まず応急復旧を考えそこで生活をしていた人が何らかの仕事をしながら生活が継続できるという状態をできるだけ早くつくることが肝心です。自衛隊の応急復旧の目で見れば、被災地の人たちを三年間国家公務員で雇い、公務員として自分の家やがれきの片づけをやることにし、金は政府が何とかするから元通りに復旧してくださいといえば相当早く進みます。そして被災者には三年のうちに仕事を見つけて自立して下さいということにすればよかったのではないかと思います。日本政府はいくらでも金を準備できるのです。それは今のアベノミクスを見れば分かることです。

まず応急手当てで出血を止める

ところが、この構想に合う事業には金を出しましょう、合わない事業には金は出せませんというのではなかなか進みません。本格復旧ではなく、まずは応急復旧が大事です。分かりやすく言うと、目の前で血を流している患者がいるときにどのような治療がもっともよいかということをまる一日かけて話し合いましょうといっているようなもの、これでは患者が死んでしまいます。

まずは応急手当てで出血を止めることが必要で、東日本大震災の復旧のやり方は、自衛隊の目から見るとまったくおかしい。だから、復興がまったく進まないのです。また、自衛隊をもっと有効に使ったらいいのです。自衛隊は言われたことだけをやれ、行方不明者がいるから探せというのではなく、何をどうするかという企画の段階から自衛隊に関与させるべきだと思います。

そうすると、もっと早く効率的に復旧が進みます。

作戦上四十八時間の計画が決まっている

震災があって被害が出た時に総理大臣の官邸に大臣が全員集まりました。集まっても何をどうすればいいかわからない。これでは指揮ができません。私は政府が自衛隊の指揮所をもっと活用することを考えるべきだと思います。日本以外の国ではみんなそのようになっています。自衛隊は作戦上四十八時間後までの計画が決まっており、マグニチュード5以上の地震が起きた時に、自動的に誰が指揮官でどう動くかという準備をしています。その通りに仙台の多賀城駐屯地でも部隊は動いたのですが、その最中に津波にやられたのです。

自衛隊の指揮所では二十四時間の指揮所のスケジュールが決まっており、誰が何時に指揮所に入っても、担当部署さえ与えられれば、すぐに何の準備をしなければいけないのかが分かります。指揮所に飛び込んだスタッフは、当初の丸二日間の作戦計画を確認して、すぐに作戦三日目の計画作りに取り掛かるのです。

指揮所のスケジュールの一例を挙げれば、朝八時から気象状態など地域全般のブリーフィングを行い、十時にはそれぞれの部署の担当者が集まり作戦のすり合わせを行い、その内容について議論を行います。

そして司令部として出来上がった計画を十三時に各部隊に提示して、部隊の意見も入れて必要な修正を行うのです。十五時に司令官の決済を受け作戦発起三日目の計画が出来上がるのです。そして司令官は十六時から記者会見を行う。十八時からは作戦三日目の作戦を支援する後方支援計画について意見の摺り合わせを行う。そして二十時からはその日の作戦が成功か失敗か、作戦の評価を行う会議が開かれ、作戦計画の修正の要否について検討が行われる、というようなものです。

通常は平時から職務が決まっているため、人が交代しても何をいまやるかが分かるわけです。だから動けるわけで、そうなっていなければ素人が突然入っても動きようがなく、三日も四日も遅れてしまいます。

軍は長年の歴史の中で知見を蓄えている

自衛隊の指揮所を有効に使うべきで、他の国ではみんなそうなっています。指揮所に入れば二十四時間の動きが決まっており、司令官の隣に総理の席を作って、説明を受けながら指示を出すことができます。

総理大臣官邸に素人が集まってもどうしようもありません。

日頃から自衛隊という組織が訓練されていることが、いかに国家の役に立つかが分かると思います。

自衛隊は地震が発生すると指揮所に各担当者等が集まりますが、指揮所が計画を立てるのは四十八時間後からの内容です。今日と明日の計画は最初から決まっています。四十八時間後から部隊をどう動かすかということが、まずスタートになるのです。常に二日後の計画を立てていくのが自衛隊の運用であり、きちんとした組織なりシステムがなければ動きようがありません。軍というのは長年の歴史の中でそういった知見を一番蓄えているのです。

これを活用しないという馬鹿なことはありません。

田母ちゃんの交通事故理論

国家観、歴史観がない政党や政治家は国家のために役立ちません。

もちろん民主主義社会ですからどんな考え方を持ち、思想を信じても自由です。しかし、国をつぶしてしまうという思想まで認めることはできません。当然のことです。

共産主義はまさに国つぶしの思想であり、人道的に言っても許せません。かの国では戦争で亡くなった人より国内で毛沢東やスターリンなど独裁者の手によって死んだ人が圧倒的に多いわけです。

「日本は侵略国家だ」「放射能は危ない」などと嘘も百篇言い続けると本当になってしまう可能性があります。

脱原発も国家を考えない発想です。いやそれよりも脱原発を利用してわが身の保身を優先させた菅直人元総理は許せません。

放射能が危ないから原発はダメだなどといっても、原発で死んだ人などは一人もいません。飛行機事故や交通事故で死んだ人、トンネルが崩落して死ぬ人までいるのです。しかし脱飛行機、脱車、脱トンネルなどとは言いません。

世の中、リスクがゼロということはないのです。交通事故で死ぬ確率以下のリスクについては真面目に取り組んでも意味がないと思います。

交通事故の死亡確率以下のものについては、適当に処置しておけばいいのです。これを田母ちゃんの交通事故理論と言っています。

第五章　日本が普通の国になるために

軍事力の均衡がないと外交交渉は成立しない

自衛隊では、いわゆる防衛力整備構想を作っています。

国家安全保障を考えるとき、外交で話し合いによって問題を解決することは当然ですが、外交が決裂して相手が侵略を意図した時でも、安全が保証できるようにするということが、防衛力整備構想の根幹です。

そのために周辺諸国に対して軍事力の均衡を維持することが必要です。

当然仮想敵国があり、これに対して戦っても負けない態勢が求められます。

実は軍事力の均衡がないと外交交渉は成立しないのです。

繰り返しになりますが、前原元外務大臣がモスクワで北方領土は日本のものだと言い、菅元総理がメドベージェフ大統領の北方領土訪問は許せないと怒っても、何も変わりません。

無視されておしまいです。

核武装国ロシアに対して我が国は核武装していないからです。

通常戦力でもロシアが我が国を圧倒しているからです。

アメリカ大統領が同じことを言えばロシアは動かざるを得ないのです。

軍事力は第二次大戦までの戦争をやるためのものというよりは、現在の情報戦争の時代にあっては、話し合って平和的に外交問題を解決するための道具と言っていいでしょう。


現実に目を向ければ、やはり中国の動きは、日本で言えば尖閣問題、周辺諸国においても軍事的行動が問題になっています。

そういう意味で自衛隊は、中国を仮想敵国として考えていると言っていいでしょう。ロシアについても中国との延長上で考えてはいるけれども、ロシアというのはアメリカの抑止力が利くということはもう分かっています。冷戦でアメリカに敗れたロシアは、暫くの間は、アメリカを筆頭とする旧西側諸国と軍事的な緊張状態を作ることは避けるだろうと思います。

アメリカは、当面は中国対処を考えておけば、ロシアに対してもこれまでの経験で対応できると考えていると思います。

自主防衛は国家普遍の原則

今、アメリカはリーマンショックから立ち直るのに大変で、十年、二十年で世界経済に占めるアメリカの力は弱くなっていくのではないかと予測されています。従ってアメリカの抑止力というのが利きにくくなってきます。

その時日本はどうするのかということになります。

自由民主党が昭和三十年に結党されたときに、綱領の中で「自分の国は自分で守る態勢を造る」ことを目指したわけですが、いまこそ我が国はこれを思い出すべきです。

独立国は自主防衛が基本です。

今の日本の政治は国家普遍の原則である自主防衛を忘れているのです。

我が国の安全保障の根幹は日米安保だということでは困ります。

自衛隊による自主防衛が基本で、日米安保はあくまでもその補完的位置付けにすべきです。

アメリカに守ってもらえば、別のところでアメリカの言うことを聞くしかないのです。

もちろん今日から自主防衛だと突然宣言することはできません。時間をかけて少しずつその態勢を整える必要があります。

自衛隊はアメリカ製の装備品を使っており、現在のところはアメリカの継続的な技術支援がなければ自衛隊は戦力発揮ができません。国家の自立のためには、まず軍事的に自立していることが絶対に必要なのです。しかし残念ながら現在の自衛隊はアメリカ軍からの自立が出来ていないのです。そして国家として自立の方向に向けての努力は全く行われていないのです。

自分の国を自分で守ろうという意思が失われかけている我が国は、国防上極めて危険な状況にあると思います。

しかし私がこういうことを言うと、すぐに反米だという批判が飛んできます。日本には中国派やアメリカ派の政治家、学者、評論家は多いけれども、日本派の政治家、学者、評論家が少ないからです。

「中国がないと日本経済は成り立たない」は逆

中国は、あと十年で変わるかもしれません。

ＧＤＰが日本を抜いて世界第二位になったと言ったところで、中国の経済というのは、普通の国と全く違った構造です。日本とかアメリカは、ＧＤＰの六割以上、約三分の二は個人消費です。

一方、中国はＧＤＰに占める個人消費の割合いは三〇パーセント台です。しかも、今、個人消費がこの数年減りながらＧＤＰが伸びている。だから個人生活はちっとも豊かになってない。

誰も入らない高級住宅の売買をＧＤＰにカウントしているからです。政府が人民元を印刷して売った、買ったと、それをみんなカウントする。見かけ上ＧＤＰが伸びているだけなのです。

あと何年持つのでしょうか。個人消費が減りながらＧＤＰが伸びているという状況は続かないと思います。

それで、格差がどんどん開くから、今でも暴動が起きています。だけど、とにかくGDPが伸びたという格好にして、中国はどんどん強い国になるという宣伝をして、中国の国民が騒ぐのを抑えているわけです。

自国民をだましているのです。

また、それに騙されて日本の会社も中国に出て行きますが、それでも最近は出て行く会社よりは、帰ってくる会社が多くなっているようです。でも帰るときは、投資したものは全部あげて、夜逃げ同然でないと帰ってこられないというのも真実です。撤退を表明したあと中国に残っていると、社員が拘束されたり、あらゆる意地悪をされるのです。

レアアースなんかも輸出しないというけれども、実際は輸出しなければ、困るのは中国です。日本はレアアースを使って工作機械を作る、工業用原料を作る。これが行かなければ、中国の輸出貿易は成り立たない。

だから、経済的な立場としては、韓国に比べても中国に比べても、日本は圧倒的に強い。中国がレアアース止めると言ったら「うん、止めたらいいよ」と「別にどうぞ」と言ったらいい。これも情報戦争です。

私はあるテレビ番組に出たときも、司会者が「田母神さん、中国がないと日本経済は成り立たない。今はもう、日本の会社はどんどん中国に出ていっているから」と言うから、私は答えました。

「○○さん、それ二つとも嘘です」と。「今は中国へ出ていく会社よりも、帰ってくる会社のほうが圧倒的に多いんですよ」と。

「経済産業省のこのデータ見てください。中国がないと日本経済が成り立たないんではなくて、日本がないと中国経済が成り立たないんです」と。

でも、中国行きを平気で言う経済評論家とか学者とか多いわけです。

そうした情報戦争が行われているのです。

尖閣問題は国際法で処理する

尖閣問題について触れますと、一発撃って沈めれば良いのです。そうすれば、来なくなります。過激なように聞こえますが、これは国際的にはごく普通のことです。

言い方を変えましょう。「国際法」に則って処理すればいいのです。

国際法というのは各国で結ばれた条約、慣習法によるもので、国際法という名の法律があるわけではありません。日本以外の国は平時から領土、領海、領空の警備は国際法に基づいて実施しています。国際法に基づけば、他国の領海に侵入して当該国の軍の指示に従わなければ、銃撃して沈められます。これは国際法上合法で、沈められても文句は言えないのです。

現在尖閣の海で中国船の度重なる領海侵入が意図的に行われていますが、中国の行動は国際法違反ですから、撃沈されても文句は言えません。

日本はどこの国からも誰からも後ろ指を指されることはありません。

実際にあった話をしましょう。

平成二十四年夏にパラオ軍が、パラオの領海に侵入してパラオ軍の指示に従わない中国漁船を銃撃しました。中国の漁師が一名死亡しました。

パラオは人口二万人の小国です。この小さな国でも国際法に基づいて領海侵入に厳正に対処しているのです。

日本ではよく中国漁船を銃撃して日中戦争になったら大変とかいう意見がありますす

が、パラオの件を見てもわかるとおり、国際法に基づく警備が戦争に発展する可能性はありません。

中国に遠慮して厳正な対応をしなかったことが今日の尖閣問題を引き起こしているのです。しかし事ここに至ってしまったからには、今後どうするかを考えなければならない。私は尖閣の海周辺の海域、空域に自衛隊のプレゼンスを強化することから始めたらいいと思います。護衛艦や潜水艦を、遠巻きに尖閣周辺海域に遊弋させるのです。尖閣上空には対潜哨戒機や戦闘機を訓練飛行などで毎日飛ばせばいいと思います。

これを数ヵ月続けたあとで日本の総理大臣が、今後日本も尖閣では、国際法に基づいて厳正に対処するとテレビなどで宣言すればよいのです。

中国に伝わると思います。

日本の覚悟を知れば、中国の尖閣での過激行動は止まると思います。

一九九九年、能登半島沖で、北朝鮮のものらしき漁船が日本海の領海を侵犯しました。この時は海上保安庁が追跡したのですが、強力なエンジンを積んでいたらしく海上保安庁の船を振り切ってしまった。

「海上保安庁の手に余る」と要請があって海上自衛隊が出動しました。護衛艦、対潜哨戒機から威嚇射撃が行われ、小型爆弾も二〇〇発余り投じられました。威嚇射撃ですから命中はさせないのです。

この時は、不審船は公海上へ逃れ、追跡は中止されました。この不審船はロシアの領海にも接近しており、ロシア当局は「ロシア領海に入った場合、撃沈する予定だった」と公表しています。

しかし我が国がこのように、それまでより一歩踏み込んだ対応をしたことが、その後北朝鮮の工作船が我が国に対して工作活動を実施することを、次第に少なくしていったのです。

目には目を、歯には歯をでなければ馬鹿にされる

さらに二〇〇一年の九州南西海域工作船事件です。この時は海保も不審船に逃げられないような高速船を開発して追跡しました。

すると、今度は不審船が銃撃してきました。

この銃撃で海上保安官が負傷しています。

さらに不審船の船上でロケット弾らしきものを準備し始めたので、海保としては自衛のため機関銃で反撃したところ、不審船は自爆したのか、積んでいた弾薬に誘爆したのか判りませんが、爆発して沈没します。

この船は後で引き上げられて北朝鮮の物だと確認されました。以降、北朝鮮らしき不審船はピタリと息をひそめました。

それまで、日本は北朝鮮になめられていたわけです。ところが実際に日本が本当にやる国だ、と考えれば相手も動きを変えます。

九州南西海域の教訓で海保も保安船に二〇ミリ機関砲や、三〇ミリ砲を装備し、機銃弾を跳ね返す装甲を付け加えました。

この船も尖閣に行っています。尖閣でも同じように『国際ルール』に則って行動すれば、中国の動きは止まります。

次に中国の不買運動ですが、これも中国政府のやらせです。

中国国民は日本製品が欲しくてたまらないのです。中国政府がそれをやるなら日本は、工作機械と工業用原料の中国輸出をやめると言ったらいいのです。

中国は不買運動ができなくなります。
日本はなめられているのです。
中国には目には目を、歯には歯をで毅然とした国家の姿勢が要求されます。

経済で配慮した結果がさらなる悪化に

また、経済成長著しい中国と、経済的な正面対決は避けるべきだという意見もありますが、目の前の経済関係を壊さないように中国に配慮して行動してきた結果が、我が国にとってより大きな問題に直面することになっているわけです。

大人の対応、冷静な対応とか言いますが、それによって状況が我が国にとって有利になっているのならば、その対応は正しいといえるのです。

しかしこの対応を三十年も続け状況がどんどん我が国にとって不利になっているのならば、それは間違っているということです。

大人の対応、冷静な対応は、結局は問題の先送りであり、そのときの当事者だけが楽をして、子供や孫に迷惑をかけるという対応なのです。

日中の経済関係は、風評では中国が圧倒的に有利だということになっていますが、情報戦でやられているのです。

実は経済的立場は日本が圧倒的に強いのです。日本のGDPに占める中国との貿易は三%にも満たないのです。

日中貿易が途絶えた場合、一会社としては困る日本の会社は多くあると思いますが、マクロ的にはほとんど影響はないといっていいでしょう。日中貿易を全部止めても我が国のGDPは〇・二五パーセント縮小するだけだと、経済評論家の三橋貴明氏が言っています。

尖閣諸島は今行政的に日本が実効支配しているのです。しかし漁船の操業は中国船が野放しになっており、中国船が多数で日本漁船が締め出されていますので、我が国政府は日本漁船の安全操業にもっと力を入れて対処する必要があります。

実効支配の実を強化しなければなりません。

まず尖閣周辺の島に自衛隊の部隊を置く

実効支配ということで、尖閣にいきなり施設を作るのは難しいかも知れません。そこで私は石垣島とか宮古島（これらの島から尖閣諸島への距離は百七十キロ程度である）とかに自衛隊の部隊を一個連隊くらいずつ置いたらいいと思うのです。

宮古島の隣の下地島空港は空自戦闘機の基地として整備したらいいと思います。下地島空港は三千メートルの滑走路を持ちＦ15やＦ２戦闘機の基地として十分使えます。

これらの島は中国との間で領有権問題はなく我が国が何をやるのも自由です。

さらに海自の護衛艦を尖閣周辺に二隻程度遊弋させる、当然潜水艦もその下に待機させておく。下地島空港には頻繁に戦闘機などの機動展開訓練を行う。

これらのことを段階的に実施すれば、中国に対して我が国の尖閣防衛の意思が明確に伝わると思います。

中国はやがて尖閣略奪を諦めることになるでしょう。

そして、我が国はやがて尖閣にも施設を作っていけばいいと思うのです。だから、そういうかたちで、一歩ずつ実効支配をかたちにしないと駄目です。

自衛隊戦力強化国債で軍事力の均衡を

今の我が国の官公庁は総じてそうですが、大臣から指示されたことだけやろうとしています。国民のために何かをやろうとする志が失われ、問題を起こさずに安穏に過ごそうという沈滞ムードが広がっているのです。

これを変えるのは、事務次官になる者の高い志です。トップが変われば組織は変わります。

自衛隊も戦力を増強して中国の軍拡に対して軍事力の均衡を維持することが必要です。我が国は、自衛隊戦力強化国債でも発行して自衛隊を増強したらいいと思います。自衛隊の戦力増強が行われるとともに、景気対策にもなります。我が国の現状を見るに一石二鳥の手であると思います。

中国がいま通常兵器での戦闘において、自衛隊に勝てるかといえば勝てません。

日本では政治家も国民の多くも中国の軍事力は強大で、中国が日本に侵略すればあっという間に自衛隊がやられてしまうと考えている人が多い。

これは全然嘘で、中国は尖閣や沖縄で自衛隊に勝てません。

中国の二十年前の軍事力といえば取るに足らないものでしたが、この二十年以上の軍事力の近代化により、かなり戦力が向上していることは事実です。

しかし今のところはまだ日本を支配するほどの軍事力は持っていません。

国際情勢であれば、大統領と総理が握手しただけで雪解けムードになり、あっという間に緊張緩和が実現されます。

しかし軍事情勢、すなわち軍事力の実態は、国際情勢のように簡単には動きません。

私はあと十年の間に我が国が自衛隊を増強すれば中国の侵略を受けることはないと思います。

中国の軍事力を恐れる必要はない

五年前まで私は自衛隊にいたので、中国軍のパイロットが飛行訓練、戦闘訓練を月に何時間やるか、一年に何時間飛ぶかということを全部聞いていたわけです。

飛行機の稼働率はどのくらいでどのくらいの能力があるのかという細部も聞いていましたが、中国軍に能力はないのです。情報漏洩になるといけませんのであまり詳しくは話せませんが、中国の軍事力を恐れる必要はありません。尖閣近辺に出てきている船も老朽化した、沈められてもいいものしか来ていません。中国は徴兵制ですが、人口が多すぎて全ての青年を徴兵できません。

三十年前から一人っ子政策をやっていても今の中国の青年のすべてを徴兵することはできません。地区に人数を割り当てますが、徴兵に希望してくるのはみんな落ちこぼればかりです。

中国には年金がなく生活保護制度がないため、親は自分の子供に面倒を見てもらうしかありません。子供はできるだけ自分の手元に置きたいと考え、徴兵には出したくない。だから「邪魔だからいって来い」というような人間しか来ません。そのため、中国の兵隊の相当数は使い物になりません。

中国は防衛白書では、艦艇数で海上自衛隊の八倍、総トン数では三倍です。小型の船が多いということで、外洋作戦ができる艦艇は極めて少ないのです。

また、作戦に使うことができる艦艇は日本の一・五倍にもなりません。

稼働率でも性能でも自衛隊がまさり、中国の潜水艦は日本に比べるとまだまだ音が大きい。日本のスターリングエンジンの潜水艦は非常に音が小さく、アメリカでも発見するのが難しい。

アメリカの原子力潜水艦は日本の通常型と同じくらい音が小さく、中国やロシアの潜水艦は静粛性で劣ります。

水上艦艇との戦いで、お互いの位置が分かれば、潜水艦に絶対勝ち目はありません。位置を秘匿する以外に勝つ手段はないのです。中国の潜水艦は位置を秘匿するのは難しく、まるでドラムを叩きながら潜航しているようなものです。

空軍、中国と日本の質の違い

空軍では、戦闘機の能力を決めるのは旋回性能や速度、最高上昇高度などではなく、搭載兵器の性能、さらに空中においてリアルタイムでどれだけの情報を持っているかです。

昔は地上のレーダーサイトでしか空中の全体状況は分からず、地上から右へ行け左へ行けと指示していました。いまは、空対空センターは全く話をせずマウス操作をしているだけです。それで会話をしなくとも情報が伝わります。

素人が見ても何をやっているかわかりません。昔は地上のレーダーサイトでしかわからなかったことが一戦闘機のスコープでみな把握できます。

編隊内の隣の戦闘機がどの目標を攻撃しようとしているかが分かりますし、地上の地対空ミサイルがいまどの目標を狙っているかも分かります。

ＪＴＩＤＳ（ジョイント・タクティカル・インフォメーション・ディストリビューション・システムズ）というシステムでつながっているからです。

自分のレーダーで直接目標を捕捉していなくても、僚機が補足していれば自分のミサイルで攻撃することができます。

また、ロースピードアタックというヘリコプターのホバリングのようにほぼ停止した状態で、数機で船などを守ることができます。

技術はどんどん進化していますが、中国は我々が三十年前にやっていたような戦闘をしています。地上から指示する手法ですが、電波妨害をされるとまったく成り立たなくなってしまいます。

当然、自衛隊も電波妨害すべく準備は完成しています。また、中国のパイロットはあまり飛行訓練をしていないので現場が追いつきません。

軍拡はどんどんやっていますが訓練が追いつかない状況で、たとえば月に五時間しか飛ばないのでは、離発着して飛んで戻ってくるのが精いっぱいです。

最低でも年間百時間は飛ばないといけませんが、十分に訓練されたパイロットは極めて限定されるのが実情です。

自衛隊のパイロットは、この二十年のデフレで飛行時間が若干削減されていますが、中国空軍に比べれば十分に飛んでいます。自衛隊はかなり細かい点まですべて分析しているのです。

軍事専門家で細部を知っている人は恐らく中国が日本に勝てるとは思っていないし、中国の軍人にもいま日本を攻略できると考えている人はいないと思います。

日本はすべて情報戦で負けているのです。

日本以外の国防大臣はだいたい軍の経験があり、作戦などに携わったことのある人が就いています。韓国などは元将軍だけが就いており、皮膚感覚としてわかるわけです。これに対して、日本はまったくわからない人が大臣になるのです。

防衛大臣は、単に元防衛省、自衛官だからいいというわけでもありません。

「どうだ、そろそろ言うこと聞いたほうがいいぞ」という脅し

中国が尖閣周辺の海に漁業監視船、海洋監視船などを頻繁に侵入させ、日本を挑発しています。

それは日本が戦う気がないと思われているからどんどん来るわけです。

中国がやっているのは戦争をやるために挑発をしているのではないと私は見ています。情報戦の最後の四つ目の、積極工作謀略活動です。

それで漁業監視船を入れたり、海洋監視船を入れたりしているわけです。

武器なんか持ってなくてもいいのです。

これは戦うのではなくて、「どうだ、そろそろ言うこと聞いたほうがいいぞ。じゃないとほんとにやるぞ」と脅しているだけと私は見ています。

しかし本当にはやらない。やれる能力もないからです。だから日本も国際法に基づいて尖閣諸島の警備をやったらいいのです。

国際法に基づいて警備ができる国に

日本以外の世界中の国は、みんな国際法に基づいて領土、領海、領空の警備をやっています。日本の自衛隊だけが、世界で唯一、国際法に基づいて警備ができないという軍になっています。

別に外国から、そうしろと言われているわけではない。日本政府自身が自衛隊の手足を縛っているのです。

もし日本政府が国際法に基づいて自衛隊を動かすと言っても、国際的には全く非難を受けることはありません。自衛隊も国際的には立派な軍なのです。

国際法に基づいて、世界各国は禁止規定（ネガティブリスト）で軍を動かしますが、日本は根拠規定（ポジティブリスト）で自衛隊を動かそうとします。

つまり日本は自衛隊が「やってもいいこと」を決めているわけです。これに対し他の国では「やってはいけないこと」を決めています。

日本の場合、海外に自衛隊を出すだけでイラク特措法が必要だったりテロ対策特措法が必要だったりするわけです。

つまり「行ってもいいよ」という根拠法が必要になります。

よその国はそれはいらない。よその国では防衛出動待機命令も、防衛出動命令もいらないわけです。

日本だけがそういう法律がいるわけです。

もっと言えばよその国では、常時防衛出動命令が発令されているような状況になっているのです。日本のように軍を悪の権化のように認識し、法律でがんじがらめにしている国はありません。自虐史観のなせる業です。

さて国際法とは何かといったら、それは明文化された条約と、いわゆる慣習法です。

国際的に合意が得られる「まあ、こんなもんですな」というものが慣習法です。

この条約と慣習法の集合体を国際法と言っています。

国際法によれば、世界的に軍に関することは禁止規定（ネガティブリスト）です。やってはいけないこと以外は、何をやるのも自由というのが日本以外の軍です。

これに対し日本の自衛隊はというと、自衛隊法に任務が定められていて、あらかじめやれと言われたことだけ、例外的にいくつかできるということです。

だから、テロ対策特措法で、例えばインド洋に行っている海上自衛隊が、沈没しそうになっている漁船を見つけたとする。これを助けることができるのかというと、できないのです。

救助するには、新たな「漁船を救え」という命令が、あるいはそういう法律がないとできないのです。

実際は沈みそうなのが漁船なんかだったら、人道的な意味で緊急避難的な措置としてやるかもしれませんけど、一応建前上はそういうことになっているわけです。

だから、もっと分かりやすく言うと、よその国の軍は原則何をやるのも自由です。例外的に国際法で禁止された、いくつかのことはできない。逆に日本の自衛隊は原則何もできない。あらかじめやれといわれたことだけ例外的にできるということです。

軍が動けば状況はどんどん変わっていくわけでます。状況が変わる都度法律を必要とするから、実際は動けないということです。

今はそんな困った状況です。これからは日本も自衛隊を国際法で動かすと総理が宣言したらいいと思います。よその国が別に文句なんか言いません。

万が一中国などが文句を言ってきたら余計なお世話だと言えばいいのです。

沈められないのが分かっているから来る

自衛隊を動かすと言っても、国際法に則りですから世界では常識的なことです。

当然、中国、韓国は文句を言ってくるでしょう。それは難癖というものです。

難癖相当の抗議には、日本は独立国だから貴国から文句言われる筋合いはないと毅然としてこれを撥ね付けることが必要です。

日本政府が自衛隊を国際法で動かすと決心するだけで、自衛隊を国際法で動かすことはできると思います。

そうすると尖閣諸島周辺の動きも現場に任されて、中国の漁船なんかが来て、現場の海上保安庁の言うこと聞かないで領海入る。すぐに警告射撃をする、それでも指示に従わなければ銃撃して沈めてしまう。

私はそうしたらいいと言っているのです。一回二回沈めたらもう来なくなります。沈められないのが分かっているから来るのです。

私がこう言うと私を怖い人だと思う読者もいると思いますが、これは日本以外の国が普通にやっていることであるということを再度言っておきたいと思います。

私は本当に優しくていい人です。

「南京大虐殺」「従軍慰安婦問題」は完全なる情報戦

中国、韓国は、日本が普通の国になることを嫌い、中国は「南京大虐殺」、韓国は「従軍慰安婦問題」を持ち出してきます。

これらは完全なる情報戦です。

彼らにしてみれば「日本悪人、俺たち善人」という図式を作っておけば、国内の安定もはかれるし、日本に対して外交交渉で強くでることもできる。

しかも日本は軍事力に訴えることもない。「日本が悪い悪い」と口にするだけで日本の外交は「仲良くしましょう」という姿勢ですから、大した努力もせずに利益を得ることができるのです。

中国は日本以上に多くの国境問題を抱えています。最も中国自身が仕掛けて作り出している問題です。チベット、南沙諸島、西沙諸島、ウイグル自治区。経済の発展とともにこれらの国などに対し国境問題を仕掛け、軍事、経済の両面から分捕ろうとしています。

今後十年、二十年の間に中国がどうなってくるかわかりません。経済的に破綻する可能性が高いのですが、それも日本の対応によって変わる可能性があります。

日本が円高を続けるようであると中国に味方することになります。日本の会社が止むを得ず中国進出するからです。

可能性は低いが、中国が破綻しなかった場合、日本の安全保障が脅かされます。

そうなった時に自衛隊が、あるいは日本政府がどうするのか、対応する態勢を作っておく必要があります。

頼みのアメリカは、サブプライムローン、リーマンショック問題を抱え、財政的に軍を強化できる状況ではなく、抑止力が大きく低下する可能性があります。日本はいまから自分の国は自分で守る態勢の構築に向けて動き出すべきです。

竹島、北方領土を取り戻すためには

竹島のように相手国に実効支配された領土を取り返すには、二つしか方法がありません。

一つは「軍事的による奪還」、もう一つが「経済力による奪還」です。しかし現下の国際情勢と我が国がおかれた状況では、戦争をするのは大変困難です。経済的に韓国を追い込み奪還することが取り得る方策といえるでしょう。

つまり、竹島の場合、韓国経済が弱ったところに経済的な交換条件を出して竹島を取り返す方法です。

日本経済が韓国の輸出貿易を支えています。我が国の輸出は韓国や中国と違って、自動車やテレビといった最終消費財の輸出は二割に満たないのです。韓国や中国の輸出のほとんどは最終消費財なのです。

これに対し我が国の輸出の八割以上は工作機械や工業用の原料の金属、油など、いわゆる資本財なのです。日本から金型やシリコンウェハーなどが継続的に供給されなければ、サムスンのテレビは造れないのです。

これが日本の強さです。

韓国にとっては、日本はなくてはならない国ですが、日本にとっては、韓国はなくてもいい国なのです。経済交流を断絶させるだけで、韓国の経済は大ダメージを受けます。

経済的にずーっと、とにかく圧力をかけ続けるのです。

戦争をやれば人が死にます。また自衛隊を動かすのにも莫大な金もかかります。国民も行動の自由が制限されることになるし、経済活動の停滞も考えられます。そうした痛みを出さずに、事態を解決できるわけです。

韓国に行っている日本企業を引き上げさせることも、韓国にとっては大きな打撃を受けることになるでしょう。民間企業にそうした役割を果たさせるのは相当に難しいことですが、それによってその会社が損したら、損の部分を政府が補填するのです。韓国に行っていた金が、日本国内で回ることにもなります。

北方領土も竹島と同じです。実効支配されてしまっています。だったら、結局経済的にロシアを追い込む。それをやっぱり戦略的にやらなければ駄目です。ロシアを経済的に困らせる。韓国を経済的に困らせる方策を考えるべきです。

日本は外交というのは仲良くすることだと考えているわけです。外交とは仲良くすることではなくて、合法的に富や資源を分捕ってくることが最終目的です。

だから、目の前にある国が束になって日本に向かってくるという状態を絶対作らせないことです。目の前にある国がそれぞれ仲たがいするように手を打っていくことが外交の目標です。

ロシアと中国がけんかする、韓国と中国がけんかする、ロシアとアメリカがけんかするという状態を作為することが、外交の目標でなければいけないのです。

でも、日本人は、仲良くすることだと認識しているから、全く間違えている。

それを効率的にやっているのがアメリカです。

第五章のマトメ　重要ポイント再確認十項目

1. 軍事力の均衡がないと外交交渉は成立しない。
2. 今の日本の政治は国家普遍の原則である自主防衛を忘れている。
3. 日本がないと中国経済が成り立たない。
4. 尖閣問題は国際法で対処する。
5. 中国に配慮してきた結果、我が国はより大きな問題に直面している。
6. 尖閣実効支配のため、石垣島、宮古島、与那国島に自衛隊の部隊を置く。
7. 自衛隊も戦力を増強して中国の軍拡に対して軍事力の均衡を維持すること。
8. 中国がいま自衛隊に勝てるかといえば勝てない。
9. 「南京大虐殺」「従軍慰安婦問題」は完全なる情報戦。
10. 竹島、北方領土を取り返すには、経済的に圧力をかけることが一つの方法。

第六章　リーダーの覚悟と部下掌握術

私が安倍首相を応援した理由

我が国の総理大臣は国家観、歴史観がしっかりしており、日本に対するゆるぎない自信と誇りを持っていることが必要です。

我々の先祖は悪いことばかりをやっていた、侵略戦争をやったというような人がトップになるのでは、アメリカや中国から圧力をかけられたら途端にひっくり返ります。安倍首相に次いで総理になりそうな石破茂氏はそのような人で、東京裁判史観にどっぷりつかっています。彼は靖国神社に一度も参拝したことがないし、今後も参拝しないと明言しています。

だから、私は自民党政権に戻ればよいというのではなく、安倍政権でなければだめだと考えていました。

自民党の総裁選の前から安倍晋三元総理にぜひ総裁選に立ってくれと言ってきましたし、総裁選になってからは安倍首相が誕生するように運動もしたのです。

安倍首相は国家観、歴史観がしっかりしており、東京裁判は間違いだという状況もわかっています。これが分かっていない人はだめで、村山談話が正しいと言っている石破茂氏が総理大臣になっては、戦後体制からの脱却は困難になってしまいます。

いいか隊員を殺すなよ　お前も死ぬなよ

自衛隊は与えられた任務を達成するために命をかけるのです。しかし必要のない危険を冒して命を無駄にすることは極力避けるべきだと考えます。スクランブル（緊急発進）のときは、要撃管制官は自衛隊機が攻撃を受けないような位置に慎重に誘導します。そして領空侵犯が起きないように外国機に対し警告を発します。

これは対領空侵犯対処として平時から航空自衛隊に任務が与えられています。陸海空三自衛隊の中では唯一航空自衛隊だけが、平時から外敵排除の任務を持っています。

さて私が在任中にイラクに隊員を送り出さなければならない事がありました。この場合も刑法上の正当防衛、緊急避難に該当する場合以外は武器を使えないわけです。

だから、敵が来て敵が鉄砲を構えていても、自衛隊は正当防衛、緊急避難じゃないと撃てないわけです。

よその国の軍だったら危ないと思ったらみんな撃つわけです。しかし自衛隊はもし撃って敵を殺した場合、業務上過失致死罪とか殺人罪とかに問われる可能性があるわけです。そんなバカなことはないでしょう。

だから、私はイラクに行く指揮官に対しては、「いいか、隊員を殺すなよ。お前も死ぬなよ。分かっているな。何かあった場合は私が全力で戦うから、君を守るから」と言って送り出しました。要するに「危なかったら撃て」ということです。

しかし私は直接それを言わない。もし空幕長が直接言ったということになるとマスコミが騒いだりして、その後イラクに派遣される隊員には、正当防衛、緊急避難に該当する場合以外武器を使ってはいけないとしか言えなくなり、隊員の命が無駄に失われる危険が増大するからです。

本来これは政治が責任を取るべきものであるけれども、日本には左巻きの政治家が多く、彼らは隊員の命より自衛隊が政治問題を起こさないことを最優先に考えるのです。

士は己を知る者のために死す

これは自衛隊という組織でも、会社経営においても、またいろんな一般組織でも共通して言えることですが、人が力を発揮するには、上に立つ者、指揮官のあり方が大きく影響します。

もちろん人は、理論理屈でも動くには動きますが、それ以上に心を動かすことがより重要になってきます。

自衛隊の場合を例にとれば、自衛隊員の士気は、政治に影響されることは多少あるでしょうが、これはやはり指揮官によることが大きいと言えます。

実際仕えている隊員は、例えば小隊長、隊長、あるいは群司令とか司令官がどうだということが士気の源泉です。

ですから「この人のためだったら、俺は命をかけてやる。死んだってやる」というふうに、隊員をして思わせることが、指揮官の大切な統率力です。

特に戦う、命をかけるという場面では、指揮官は部下に絶対的に信頼されてないと部隊を思うように動かすことはできません。

従って自衛隊では、技術を磨くことのほかに統率についての教育が重視されています。特に幹部自衛官、将校には徹底的に指導します。この統率という中身は三つに分かれていて、指揮と統御と、管理ということになっています。


指揮というのはコマンド。

コマンド・指揮の本質というのは、意志を強制することです。

「やれ」と言ったらその通りやらせる。

それは言葉とかはどうでもいい。「お願いだからやってください」と言っても、相手がこちらの意図した通り動いていれば、それは意志の強制です。そういう意味で、指揮という観点から統率を見ていくわけです。


次に思った通り動かすためには、「統御」が必要です。

統御とは何かというと、感化作用です。

「この人のためだったら俺はやる」というふうに部下をして思わせる能力です。統御が行われていないと任務遂行ができません。

例えば爆弾攻撃をして来いと命ぜられたパイロットが、対空砲火で撃墜される恐れがある。その恐怖に途中で爆弾を投げ出して帰りたくなるかもしれない。

しかし、あの人が命令していることだから、そんなことはできないとパイロットが思ってくれなければ任務は遂行できません。

人間は感情の動物ですから、反発していると正しいことを言ってもそれを実行してくれません。「あんたの言っていることは一〇〇パーセント正しい。しかし、あんたが言うから俺は全力をもって反対する」ということがあり得るわけです。

そうなってはいけない。だから、統御が必要なのです。「この人のためだったら俺は死んだってやる」と思わせることが必要です。

そのためにはどうするのか。やはり上に立つ人の話し方と態度がポイントになります。人が人に最初に出会ったときはゼロの関係です。

そこからこの人はいい人だなと思って、より親しい関係になるか、嫌なやつだと思って離れていくか、それを決めるのはお互いの話し方と態度なのです。

人間が動物と違うのは、プライド、つまり自尊心があることです。自尊心を傷つけられると、人間は全力を持って反対するのです。

部下に対し自尊心を傷つけない、絶対にバカにしないという対応が必要です。

指揮官は最後まで部下を守ること

意識しないでバカにしていることがあります。そこで話し方が重要になってきます。

たとえば部下に向かって、

「おい、A君はいないか?」

「A君? A君は今ちょっと外出しています」

「あ、A君はいない。じゃあしょうがないな。B君、君でもいいよ」

とでも言ったとしたら、B君からすれば
「なんだ、おれをバカにしているな」

「A君のほうが能力があっておれは能力がないと思っているな」

と思う。この時点で、B君は反発を始めるわけです。

また、部下が報告に来た場合に、新聞を読みながら、あるいは机の上に足を投げ出したりして、相手の顔も見ないで
「うん、うん、うん、ああ、そう。うん、うん、うん。分かったよ、オッケー」
という態度をとったら、報告する部下から見れば
「なんだ、この野郎」
と思うわけです。口に出しては言わないけど
「バカにしてるな、おれを。なんだお前の態度は」
ということになります。そういうことって往々にしてあり得るのです。

また指揮官は最後まで部下を守るという対応が必要です。

部下がやったことは、報告を受けていようがいまいが、全て指揮官の責任です。

部下が明らかに法令に違反したとか、明確に指示に従わなかったとか、明らかに不服従の態度を見せたとき以外は、指揮官は愛情を持って部下に接することが必要です。

自己保身のために部下に責任を転嫁したり、怒りの感情を爆発させたりすることは

厳禁です。

「お前も良かれと思ってそうしたんだよな。今回悪い結果になってしまったが、お前の気持ちもよく分かる。次の機会にまた頑張ってくれ」と言えばよいのです。

それ以降部下は、指揮官のために精一杯尽力してくれるでしょう。

自衛隊では統御という観点から、いろんな事例を使って幹部を鍛えていく。統御ができてないと、指揮だけでは任務遂行はできないわけです。

もう一つ管理というマネジメントの観点から見ます。

それはできるだけ少ないお金で、できるだけ少ない労力で、できるだけ早くというような観点、つまり管理です。

指揮、統御、管理の三つの側面から、統率ということで、幹部自衛官は徹底的にいろんな場面で教育されています。

いいところを見て褒め正しく叱る

自衛隊では、「いいところを見て褒めろ」ということを言います。

それは恒久的にいい点でなくていいのです。

「ああ、君はあれをやってくれたね。あの時はほんと助かったよ」というようなことでもいいということです。

人間というのは、いいところも悪いところもあるわけです。だけど、とにかく悪いところはまあいいから、いいところを見て褒めろというのが、まず一つの原則としてあります。

人間は褒められるとやはり頑張ろうという気になる。

人間にはいい心と悪い心が同居していて、できるだけ部下のいい心が前面に出るように部下を使いなさいということです。

褒めるということはそのために大事なことだと思います。また部下のいいところを見ようと努力することは、指揮官の精神衛生上も大変よいのではないでしょうか。

自衛隊は、とにかく命をかけてやってもらわないと困る組織ですから、これが徹底しています。一般社会でも通用するやり方だと思います。

では、部下が失敗をした時はどうでしょう。

本人が明確に指示違反した時を考えてみましょう。

やれと言われていたのにやってないといった時は、怒られても仕方がないと本人は思っています。ところが、言われた通り一生懸命やった、でもちょっと状況が悪くて失敗しちゃったという時があります。そういう時はやはり怒っちゃいけない。一生懸命にとにかく上司の言うことを実現してやろうと思って頑張った。

だけど力及ばず失敗しちゃった。

そういう時に怒られたら、部下は「なんだ、あいつは。これは誰がやったって失敗する、何言っている。じゃあお前がやってみろ」ということになってしまいます。そういう怒り方は駄目です。

だから、明確に指示に違反している時とか、明らかに人を陥れようというようなことで動く時とか、命令不服従又は不誠実な時以外は怒ってはいけないのです。

人を陥れようとするような場面は、どんな組織でもあり得ることです。だから、そういう悪意を持って背くという時は、もちろん厳しく叱らないと駄目です。

その時叱らなかったら、今度は指揮官がバカにされます。バカにされるとまた言うこと聞かなくなります。指揮官の日頃の態度が、部下の仕事に対する意欲を高めたり、低めたりすることになるのです。

仕事は部下がする、責任は上司が取る

指揮官は部下から敬意を払われていることも必要です。部下に対する限りない愛情とともに、不正とか不誠実に対する厳しさも併せ持たなければなりません。

能力、見識とともに、いざというときには部下から見て頼りになる富士山のような大きな存在であることが求められるのです。

上司が、部下がどのような人物であるかを判断するには結構長い時間を必要としますが、部下が上司を評価、品定めをするには短時間で済みます。その評価が間違っているか否かは別として。

ですから上司が自己保身に走っていることなどすぐに分かってしまいます。

人間ですから自分の事は大事ですが、自分のことは最大で四九％までにして、五一％以上は常に国家国民のため、会社のため、部下のためという心構えが必要なのです。

指揮官というのは、部下がやったことはなんでも俺が責任を取ってやるという心構えが必要です。

部下に向かって「おれはそう聞いてない。おれは聞いてないから、お前が責任を取れ」というのはまずいわけです。

上司としては聞いてようが聞いていまいが、部下の失敗はみんな上司の責任です。だから「仕事は部下がする、責任は上司が取る」という心構えが上司に必要なのです。

一般会社では、特に立派と言われている会社では、起こるすべての不祥事に対して、例えば社長がまったく関知していなかったことでも、言い訳なしで社長がお詫びをしたり責任を取ったりします。普通の会社でもそれは、当たり前のことです。

それと同じではないでしょうか。

統幕学校長時代に「国家観、歴史観」講座

自衛隊の中では戦史の教育はありますが、歴史そのものについての教育はあまりありませんでした。

そこで、自虐史観を正すために統幕学校の学校長時代に私が初めて、三時間の五コマの『国家観、歴史観』という講座を作りました。

反日教育を受けて高校、大学から自衛隊に入ってくるわけですから。「日本は悪いことをした。旧軍と自衛隊は違う」などと考える隊員もおり、政治も間違ったことを言っているのですから無理もない面もあります。

私は「旧軍も自衛隊も一緒だ」という考え方を教えるために、外の先生を呼んで講座を設けました。

最初は亡くなった、東京裁判にずっと出廷されていた冨士信夫先生で、東京裁判の実態を三時間に亘ってお話をして頂きました。

私がその講座を作る前には、国家観、歴史観を理解している自衛官は偉くなった人でもあまりいませんでした。歴史認識の誤りが、国を守る体制を造ることを妨害しているという認識がなかったのです。私がやるべきだと言っても上層部は勉強していないのか、なかなか乗ってくる人がいなかったのです。そこで私自身が学校長になって始めたのです。

日本とはどういう国で、第二次大戦とはどういう戦争なのか、アメリカは日本の占領下で一体何をやったのかということを教えるわけです。

戦勝国の歴史観に乗せられてはいけない

戦後は、日本は負けるとわかっていた戦争を始めたなどと言うわけですが、やってみないと負けるかどうかは分かりません。

負ける戦争を戦ったということになると、戦術の間違いなどを隠してしまいます。

昭和十七年六月のミッドウェー海戦（一九四二年）がいい例です。日本側空母四隻、アメリカ側三隻と日本の方が物理的戦力では勝っていた。パイロットの練度も違うし、航空機の性能も日本側が圧倒的に有利でした。

日本が勝っていれば、戦争は全く違った展開になっていたはずです。

ある一瞬の判断の間違いとか動きの間違いが、結局負けの流れを作ってしまいます。ミッドウェー海戦の場合は、兵装変換の判断の誤りが負けにつながることになってしまいました。

陸上の基地を攻撃する場合と、空母を攻撃する場合では搭載する爆弾が異なりますので、攻撃目的によって兵装変換するのは、ごく当たり前の行動です。

しかしミッドウェー海戦は状況が違います。

ミッドウェー島の攻撃に成功した日本軍は、どうしてもアメリカ機動部隊を発見できないでいた。そこで司令長官、南雲忠一は再度、ミッドウェー島攻撃のため飛行機に陸上攻撃用爆弾を装備させた。その直後、偵察機からアメリカ艦隊発見の報告が入ってきたのです。

そのまますぐ陸上攻撃用爆弾を装備したまま、空母攻撃隊を出せば、確実に敵に損害を与えられた。ところが実際には、一度陸上基地攻撃用に搭載した爆弾を、対艦攻撃用に兵装変換を命じた。そのとき敵の奇襲攻撃を受け、四隻の世界最強といわれた空母群が撃沈されてしまったのです。

次席指揮官、山口多聞は「陸上攻撃用の装備のままでもただちに攻撃すべきだ」と具申しましたが受け入れられませんでした。

というのは、第一次攻撃隊がミッドウェー島の攻撃を終了し、ちょうど帰ってくるという時に、第二次攻撃隊をそのまま発進させることになると、帰ってきた航空機が空母に着艦できなく、みんな海に落ちてしまうわけです。

しかしその犠牲を払ってでも、第二次攻撃隊を発進させることが絶対に戦闘上良かった。ということは戦後当時の各指揮官、幕僚が異口同音に言っていることです。図上演習であれば当然そうしたであろうが、仲間の命を見捨てることが出来なかったというわけです。

ミッドウェーでの戦力は日本がまさっていましたが、戦術的な観点からは捉えず、非常に抽象的にアメリカ軍が組織の変革を実情に合わせてどんどん変革させ、組織改革ができたから戦争に勝てた。日本は組織改革ができなかったから負けたというような、組織論だけで片付けられる問題ではありません。

組織論の陰に戦術の失敗などが全部隠されてしまうのです。それはアメリカ発の歴史観で、「どうせやっても負けるのになぜ日本は戦ったのか」という疑いを日本人に植え付けるために流しているのです。

戦勝国アメリカの歴史観から離脱を

歴史は誰が作るかと言うと、これは戦勝国が作るわけです。戦争に負けた日本は戦勝国アメリカの歴史観を強制されるのです。

正義の国・民主主義国家アメリカ、極悪非道の独裁国家日本という構図の歴史です。アメリカは日本国民に対し、日本は今の北朝鮮みたいな国だったという歴史を強制したわけです。日本の一部の軍国主義者が国を誤り、世界中に迷惑をかけ、日本国民に塗炭の苦しみを押し付けたという歴史観です。

占領下の東京裁判など茶番です。アメリカが実施した無差別都市爆撃、原爆投下などは明らかな戦時国際法違反ですが、その罪はまったく問われていません。

第二章の「大東亜戦争を知っていますか」の項で述べている中村五郎さんの文章をもう一度目を通してみてください。

日本軍ほど戦時国際法を律儀に守った軍は存在しないのです。しかし武士道精神のごとく正々堂々とやることの素晴らしさは、我が国以外では通用しないと心得るべきです。

何もかも日本が悪いということになっているけれども、通常は独立を達成したら、その戦勝国アメリカの歴史観を離れて、やっぱりわれわれ日本国民が考える誇りある歴史を取り戻さなければいけない。

でも、これをまだ取り戻せずにいるのが今の日本です。

肚《はら》の座りは全て責任を負うという覚悟

パイロットは訓練すれば育ちますが、肚はその人が持っているかどうかで、そう簡単には育ちません。

頭が悪いのはスタッフがいくらでも補ってくれますが、決意、信念は補佐することができません。指揮官は、いかなる批判やどんな責めも自分が負うという覚悟がなければいけません。

戦争の指揮は肚が座っているかどうかが、大きなポイントになります。

我々の先輩も立派でしたが、こういうことをやると格好いいと思われるのではないかといった名誉欲など、邪念が入ってくるとたいてい失敗します。しかし人間ですから自分が得をしたいという気持ちはなくならない。若い頃に上司から私心を無くせという指導を受けましたが、人間は私心がゼロにはなりません。三十歳の頃に、私心がなくならない自分に、真剣に悩んだこともありました。

そこで私は四九対五一という法則を考えだしました。四九％までの私心は認めるから五一％以上は国家国民のために頑張るという考え方が根底になければなりません。自分が得をしてもいいけれど、同時にそれ以上に国家や国民に利益を与えなければいけないということです。自分は得をするが、国家や国民に損失を与えるようなことを言ったり実行したりしてはいけないのです。

乃木大将への信頼「この人のために死んでもやる」

乃木大将は自分の息子を亡くしながら、二百三高地を獲りました。あの場所は、誰がやっても難しい要塞でした。

あれだけ兵隊を殺したから無能だったと言う意見が多く聞かれますが、人を殺さないやり方でどんなやり方があるんだと聞いてみたいものです。

あの戦いは乃木大将でないとできません。あれだけ人が死ぬ中で戦闘を継続できるのは、指揮官に対する兵士の信頼、「この人のために死んでもやる」と部下が思っているからできることです。

「こんな指揮官のために死んでたまるか」ということであれば、とてもあんな戦いはできません。

ここでも統率の大切さがわかります。

「あなたについていきたい」

そう言ってくれる部下が育っているでしょうか、リーダーの大きな役割です。

満洲国　治安がいいから人が集まる

満州なども日本が行く前は無政府状態で、日本が行って非常に安定しました。一九三二年の建国時には三〇〇〇万人だった人口が十三年後の一九四五年には五〇〇〇万人以上まで増えました。

毎年一〇〇万人以上増えたわけです。あそこに行くと殺されるという状況であれば、誰も行くわけがありません。

仕事があって、豊かになることができ、治安がいいのが分かったから、みんな集まったのです。短期間に人口がこれだけ増えるというのは、絶対的に豊かで治安が良かった証拠なのです。そういう事実を踏まえずに、日本が侵略して悪いことをしたという戦勝国アメリカや支那の歴史観を克服することが必要なのです。

中国での歴史論争とその顛末

平成十六年六月、私は統幕学校四十三期一般過程学生の海外研修の団長として中国を訪問、総参謀部ナンバー2の範長龍《ハンチャンロン》陸軍中将と三十分の面談がありました。彼は「ようこそいらっしゃいました」と歓迎の言葉を一言述べた後すぐに、いわゆる歴史認識の話を始めました。

「私は満州の生まれで子供のころから親や親せきに日本軍の残虐行為についてさんざん聞かされ、私の体に染みついていて忘れることができない」というような話を長々として終わりません。

限られた時間なので、十分ほど話を聞いたところで私は手を上げて彼の話を遮りました。そして私の意見を言わせてもらったのです。

「私はあなたと歴史観がまったく違います。皇軍が中国に対して悪いことをしたとは私は思っていません」

満州建国から終戦までの人口増加の話をし、「満州の人口が毎年百万人以上も増えたのは、満州が豊かで治安が良かった証拠であると思う。また中国は日本に対してだけ謝罪を求めるが、日本に対して謝罪を求めるなら、アヘン戦争以来あれほどいじめられたイギリスに対し、日本の十倍くらい謝れと言わないとバランスが取れないのではないですか。なぜイギリスに対して謝れと言わないのか」と。

彼は、日本人は文句を言わないと思い込んでいたのか、びっくりした顔をしていました。しかしさすが中国人です。返す言葉が振るっていました。

「歴史認識の違いを越えて軍の交流を進めよう」と言っていました。


案の定、帰国日の前夜にお返しのパーティを北京飯店で行ったのですが、こちらの二十数人に対して、相手は四人しか来ません。渉外係で向こうの受け入れ担当の大佐一名と少佐二名、中尉が一名でした。他の人は突然用事ができたので来られなくなったと言っていましたが、私の発言への意地悪です。

翌七月初めにはに中国の国防大学の学生約二十名、陸軍中将以下、少将、大佐クラスが日本の統幕学校を訪問する予定になっていました。しかし私たちが帰国すると間もなく中国側から統幕学校訪問を取りやめると言ってきたのです。私は一瞬、文句を言わなければよかったかなと小鳩のような胸を痛めました。

教務課長が心配して「学校長、中国が統幕学校には来ないと言っています。どうしましょうか」と言うので、私は「東京の中国大使館に行って二度と来るなと言って来い」と言いました。しかし直前になってやはり来ると言ってきました。私は、歓迎すると言ってこれを受け入れました。

中国に対しては大人の対応ではなく子供の対応を

中国の日本大使館には、陸海空の武官一佐（大佐）が一人ずついますが、陸の武官がちょうど我々が帰国した一ヵ月後に帰国しました。その武官が言っていました。

「中国に三年間いましたが、日本の政治家や高級官僚が来るたびに、中国接待担当の高官が日本を非難する歴史の話をしましたが、文句を言ったのは田母神空将が初めてです。後の人はみんな承って帰っていきました。」

周りが中国軍に取り囲まれているので、文句を言ったら捕まってしまうのではないかという雰囲気で、威圧しながらやるわけです。

帰ってきたら、「日中関係に問題があったらいけないので我慢をして、大人の対応をしたのが良かった」などと自己弁護するわけです。私ももしあの場で反論できなかったならば、帰国後、日中交流のために我慢したと言って自己弁護をしていたかもしれません。

しかし本当に反論してよかったと思います。中国に対しては大人の対応ではなく子供の対応をすべきなのです。

日中友好にこだわりすぎず、しばらく貿易を止めるなどやってみればいいのです。本当は外務省が先頭に立って改善に動くべきなのです。しかし、外務省にはまったく動きがありません。彼らにとっては問題を収めるのが第一で、とにかく問題を先送りすることが仕事になっています。

そのたびに問題が大きくなり、だんだん日本側が不利になってきます。

自衛隊の中でも、「いま大事な時期だから発言や行動に注意して」という指導がしょっちゅうあります。私は若いころからおかしいのではないかと考えていました。指揮官が一歩下がると一歩下がったところに固定され、次の問題が起きるとまた一歩下がることになります。この繰り返しでだんだん話ができなくなり、行動も制約されます。

要は日本の政治家や官僚が信念と勇気を持って、逆に問題が起ころうとも一歩前に出るという行動を続けなければなりません。この方が部下もやる気が出るのです。

反日教育を叩き直すには自衛隊へ

軍は一般的に志願制の方が徴兵制より強くなります。徴兵制の場合は入ってきても一年、二年でいなくなるので、訓練を受ける方も与える側もあまり真剣にはなれません。

志願で間に合う限りは志願制で軍を構成すべきで、次第に志願制をとる国が増えています。

ただし、国民教育という視点から考えると、徴兵制にも意味があります。反日教育を叩き直すには自衛隊に一年ほど所属させればいいのではないかと思います。しかし自衛隊は規模が小さいので、すべての青年を徴兵する能力は現在のところありません。そこで国政選挙に立候補する者、キャリアの公務員を目指す者、学校の先生を目指す者は、半年でもいいので自衛隊勤務を義務付けることにしたらいいと思います。

国会議員やキャリアの公務員、先生などが軍事的素養を持って仕事をするようになれば、この国もある程度変わることが期待できます。

問題がないのは仕事をしていないから

私の在職中において最後の年頭の辞になった年の正月、自分で文章を書いて発表しました。通常陸海空幕僚長の年頭の字はスタッフが準備してくれるのですが、私は自分で書いたのです。

「自衛隊はよその官公庁と違う。他の官公庁は中央で決めたことを末端がやるだけだが、自衛隊は末端の部隊が動いて初めて任務達成が出来る。中央はよその官公庁と違って、末端の部隊が動きやすいように法律を整えるなど支援することが仕事になる。部隊のために中央が苦しみ、苦労をするのは当たり前なのです」

というような話をしました。これは、こんなことを言ってくれた幕僚長は初めてだということで航空自衛隊の隊員たちから、私に対する尊敬の気持ちを表す言葉が届けられました。

陸上自衛隊員にも海上自衛隊員にも「空幕長についていきます」と言ってくれた人たちがいました。

私は一勤務一善と言っていましたが、二年間三年間ある地位にいる間に、何か一つでいいから俺はこれをやったというという自他ともに認められる仕事をやってみろと言っていました。

前の人からの申し送りを受けて、恒常業務をこなしてまったく何の変化もないままに次の人に申し送ることは恥だと思えと。

問題を起こすなというのではなく、問題がないのは仕事をしていないからだという発想です。

航空総隊司令官の時に、正月の安全祈願に神社に行くことにしたら、スタッフが一宗教に加担したことになるから、休暇をとって私有車で行くようにと、昭和四十年代に事務次官通達が出ていますという報告がありました。

安全祈願は仕事のために決まっています。これがなぜ政教分離に抵触するのかもよく分かりません。神社への安全祈願は日本の風俗、習慣に類するものであると思います。家を立てるときの地鎮祭も、我が国ではごく普通に行われているのです。かつて事務次官と言われる人が、政治問題を絶対に起こさないという自己保身の目的で通達を出したのだろうと思います。本来は事務次官が、問題が起きたときには戦うから、昔からやっている通り安全祈願をしてくれというべきだと私は思います。

私はそれまでの部隊経験で、仕事として何度も公用車を使って安全祈願に行っていました。それでも航空総隊のスタッフが控えた方がいいと進言するので、それでは人数を少なくしてやろうということになりました。そこで一年目は五、六人で行き、二年目は二十名くらいで行きました。私は三回やり、三年目は百人で行きました。実績を積み上げようということにしたわけです。

自衛隊では三ツ星の中将になると春と秋の例大祭に靖国神社から招待状が来ます

が、私は統幕学校長の時に初めて招待を受けました。参列すると返事をしたら、靖国の社務所から本人が来ますかと質問が来ました。

それまでは、陸海空の自衛隊では代理の総務課長（一佐）が行くのが通例だったのです。私が初めて制服を着て将官本人が行ったのです。その後総隊司令官、空幕長を通算で五年ほど勤めさせていただきましたが、私は時間の許す限り自分自身が参列することにしていました。

空幕長の頃も統合幕僚長や陸海幕僚長は、代理で総務課長の一佐を参加させていました。私だけが本人が参列していました。

うちのスタッフも問題が起きるから行かないでくれと言っていましたが、私はスタッフに「問題が起きたら、私たちは一生懸命止めましたが、幕僚長が行くというのでしょうがありませんでしたと言いなさい」と言っておきました。それにしても問題が起きることを覚悟しないと靖国参拝も出来ないというのは異常だと思います。

靖国の亡くなった南部宮司とは懇意にし、来てくれる将軍は田母神さんだけだと言っていました。われわれ制服組のトップが態度をはっきりすることが大事なのです。

なぜ我々が靖国に行くのがおかしいのか、私はスタッフに問題が起きるまで俺は行くからと言っていました。

「持って行き方計画」を同時に作る

国を動かすということは、なかなか一人ではできません。それぞれの立場の専門家が集まって意見調整する必要があります。

日本を憂うる国民は多くいます。しかし往々にしてあることは、あるべき論に終始して、現状からあるべき姿に持っていくためにはどうするか？　具体的な対応策がないというケースが多いのです。

あるべき姿を想定すると同時に、それを実現するための、持って行き方計画を同時に作らないと意味がありません。

たとえば核武装するとなれば、核の技術が分かっている人、法律関係が分かっている人などが集まって意見を出しながら持って行き方計画を作る必要があります。一人だけで考えても重要な考慮要素が脱落している場合があります。

叡智を結集すれば、持って行き方計画はできると思います。

理想論は一人が言ってもいいですが、持って行き方計画は周知を集めて作らないとなかなかできません。我が国の場合は、根回しなども持って生き方計画の重要な一部です。

この状態を改善するためにどうすればいいか

二十代の頃にカーネギーの「道は開ける」を読んだことが役に立っています。

人が悩むときに、あの時あんなことをやらなければこんなことにならなかったのに、と考えがちです。

「なんであんなことをしたんだろう」

「なぜあそこに行ったんだろう」

などと言っても、終わったことは戻ってきません。

結果が出たことは受け入れて、この状態を改善するためにどうすればいいかを考えることが大事なのです。

過去を悔やむのではなく、今後どうするかを考える。

これが、前に出られる人と出られない人の大きな差です。

私は、このカーネギーの言葉に元気をもらい、いままでもそうでしたが、これからもこの生き方で日本再生に力を注いでいきたいと思っています。

第六章のマトメ　重要ポイント再確認十二項目

1. 一国の総理大臣は国家観、歴史観がしっかりしており、日本に対するゆるぎない自信と誇り持っていること。
2. 統率とは、指揮と統御と管理がある。指揮の本質は意志を強制すること。統御とは感化作用、「この人のためだったら俺はやる」と部下に思わせる能力。思った通り部下を動かすためには「統御」が必要である。
3. 自尊心を傷つけられると、人間は全力を持って反対する。
4. 指揮官は最後まで部下を守るという対応が必要である。
5. 人間にはいい心と悪い心が同居している。よい点を見つけて褒める。人間は褒められると頑張ろうという気になる。
6. 「仕事は部下がする、責任は上司が取る」という心構えを持つ。
7. 歴史は戦勝国が作る。負けた日本は戦勝国アメリカの歴史観を強制された。

正義の国・民主主義国家アメリカ、極悪非道の独裁国家日本という構図はあやまり。

8. 戦争の指揮は肚が座っていることが大きなポイント。

名誉欲、邪念が入ってくると肚が定まらない。

四九％までの私心は認める。五一％以上は国家国民のために頑張る。

いかなる批判やどんな責めも自分が負うという覚悟がないと肚は定まらない。

9. 乃木大将は愚将ではない。あれだけ人が死ぬ中で戦闘を継続できるのは、乃木大将に対する兵隊の信頼があったからである。

10. 指揮官が問題の発生を恐れ一歩下がると部隊も一歩下がることになる。指揮官が常に問題を避けようとすると、部隊の士気は低下する。

逆に、問題を起こさないように注意しながら一歩前に出る。この方が部下もやる気が出る。

11. 一勤務一善。自他ともに認められる仕事をやる。

何の変化もないままに次の人に申し送ることは恥だと思え。

12. 失敗したとき、この状態を改善するためにどうすればいいかを考える。

おわりに

　第二十三回参議院選挙は予想通り自民党の大勝に終わりました。経済対策を含めて「日本を守り抜く」「強い日本を取り戻す」という安倍総理の主張が、日本再生を期待する有権者に支持された結果だろうと考えます。

　私は今回初めて本気になって選挙活動をしました。平成二十年十月、「日本はいい国だった」という内容の投稿論文が問題となり、私は航空幕僚長を解任されましたが、そのとき私の支えとなってくれた当時教育課長だった石井よしあき君が立候補したからです。

「日本人の精神を取り戻す」ために出馬を決意した彼の勇気に心打たれ、勇んで後援会長になりました。応援で沖縄、九州、大阪、東京他各地を廻り、街頭演説では「日本を何とか誇りある立派な国にしてほしい」という熱い思いに接してきました。多くの人の支援を受けながら、彼を当選させられず申し訳ない思いです。

日本再生の戦いは、いよいよこれからです。

第一次安倍内閣が掲げた「戦後レジームからの脱却」が、いよいよ具体的に動き始めることになります。憲法を改正して「自分の国は自分で守る」体制をつくる。即ち自衛隊を正規の国軍にするということです。もっと素直に言えば、国家として普通の国になることです。

それを「戦争になる」と言って反対する勢力がありますが、国防軍がないから日本を取り巻く国々によって脅かされっ放しになるのです。尖閣諸島で中国に脅かされるのはその典型です。尖閣周辺で日本の漁船は、中国の監視船に拿捕される可能性さえあるのです。自衛隊がこれを守ることが法律上できないからです。

国家の安全なくして国民の安心安全、経済活動は保証できません。

安倍総理の憲法改正に対して、「日本さえ軍隊を持たなければ戦争にならない」という時代遅れの憲法を「平和憲法」と唱える勢力は、「改正反対」運動を一層盛んにやるでしょう。しかし何度でも言います。

国を守る体制があればこそ、戦争にならないのです。

第九条改正反対論者も実はこの条約が、もう今の時代には合わないことがわかっていながら、日本という国を弱い無防備な国にしてどこかの国の属国にしたいと考えているのではないか、そう皮肉を言いたくもなります。原発反対運動もまた日本の国力を弱める手段として利用しているのではないかとさえ思います。

石井君と共に靖国神社へ参拝に行き、日本の守りのために散華された二四六万余柱の英霊に「必ず皆様の願われた強く誇りある国にします」と誓って来ました。

また本書の最初に引用させてもらった「生き残りの全国最年少元特攻隊員」中村五郎さんの証言を心に刻み、断じてこのままの日本ではいけない、誇れる日本づくりに力を尽くそうと心に誓っています。

英霊に報い、そして先達が築きあげてきた「日本を取り戻す」ためには、安倍総理だけに任せるのではなく、国民の応援が必要です。国民の一票で政治が動きます。国民の力が国を動かします。日本の再生を願って本書のおわりと致します。

田母神 俊雄（たもがみ としお）
1948年、福島県郡山市生まれ。67年、防衛大学電気工学科（第15期）入学。卒業後の71年、航空自衛隊入隊。地対空ミサイルの運用幹部として部隊勤務10年。統合幕僚学校長、航空総隊司令官などを経て、2007年、第29代航空幕僚長に就任。08年、民間の懸賞論文へ応募した作品が政府見解と異なるものであったことが問題視され、幕僚長を更迭される。同年11月3日付で定年退職。同年11月11日、参議院防衛委員会に参考人招致されたが、論文内容を否定するものでないことを改めて強調した。その後は執筆、講演活動を中心に活躍。『自らの身は顧みず』（WAC）『田母神塾』（双葉社）、『田母神大学校』（徳間書店）『間接侵略に立ち向かえ』（宝島社）『ほんとうは強い日本』（ＰＨＰ新書）『日本はもっとほめられていい』（廣済堂新書）『日本を守りたい日本人の反撃』一色正春との共著（産経新聞出版）など著書多数。人気のツイッターは常に上位をキープしている。
ツイッター　http://mobile.twitter.com/toshio_tamogami
ブログ　http://ameblo.jp/toshio-tamogami/

田母神俊雄の日本復権

平成25年8月15日　第1刷発行

著　者　田母神 俊雄
発行者　斎藤信二
発行所　株式会社　高木書房
〒114-0012
東京都北区田端新町１-２１-１-４０２
電　話　０３-５８５５-１２８０
ＦＡＸ　０３-５８５５-１２８１
装　丁　株式会社インタープレイ
印刷・製本　株式会社ワコープラネット

　ISBN978-4-88471-097-2　C0031